軍事分析入門

日本で軍事を語るということ

高橋杉雄

中央公論新社

まえがき

人類は、様々な災いに遭遇してきた。その中でも戦争は最悪のものであろう。他にも地震や台風といった災いもあるが、そうした自然災害と異なり、戦争は人間の選択の結果引き起こされる。戦争を避けたいという人々の思いに反して、人類の歴史の中で、戦争は絶えず起こってきた。一方で、大きな戦争の後では、そうした戦争を繰り返さないようにと平和への誓いや努力がより強く行われてもきた。例えば国際連合（国連）は、第2次世界大戦後に、そうした思いを持って作られた国際機構である。国連憲章前文にある「われらの一生のうちに二度まで言語に絶する悲哀を人類に与えた戦争の惨害から将来の世代を救い」という一節に、その思いが強く込められている。

国連憲章には、他にも、「すべての加盟国は、その国際紛争を平和的手段によって国際の平和及び安全並びに正義を危くしないように解決しなければならない」（第2条第3項）、「すべての加盟国は、その国際関係において、武力による威嚇又は武力の行使を、いかなる国の領土保全又は政治的独立に対するものも、また、国際連合の目的と両立しない他のいかなる方法によるものも慎まなければならない」（第2条第4項）という記述がある。これは、日本国憲法第9条第1項の「日本国民は、正義と秩序を基調とする国際平和を誠実に希求し、国権の発動たる戦争と、武力による威嚇又は武力の行使は、国際紛争を解決する手段としては、永久にこれを放棄する」という記述と照応している。別の言い方をすると、その国の憲法にどう書かれているかにかかわらず、国連加盟国である限り、「武力による威嚇又は武力の行使」は行ってはならないということである。その意味で、本来戦争は起こってはならないものでもある。

しかし、不幸にも戦争は絶えない。２０２２年2月24日にロシアがウクライナに侵攻することで始まったロシア・ウクライナ戦争は、国連の常任理事国を務め、米国と並ぶ世界最大の核兵器保有国であるロシアが、同じく国連加盟国であるウクライナに仕掛けた戦争である。こういった戦争が21世紀になっても起こりえるという意味で、これは国際社会に非常に大きな衝撃を与えることとなった。

ロシア・ウクライナ戦争についてはここでは詳細には立ち入らないが、１つの論点を提起しておきたい。[1] それは、「果たしてこの戦争を予測することができたのか」という点である。
米国は２０２１年の秋以来、ロシアによる軍事力の展開の進展状況やそのほかのインテリジェンスから、ロシアが実際にウクライナに侵攻する可能性が高いと分析していたとされる。何人かの専門家も、２０２１年の冬から翌年初頭にかけて、プーチン大統領が決断すれば戦争を始めることができると発言していた。なお、筆者は、ロシアが展開しているのは強制外交であり、その一環として空爆などの形で軍事力が行使される可能性はあると考えていたが、それは外交的解決に持ち込むべく軍事的圧力を増すための、懲罰的だが限定的な武力行使であろうと予測しており、地上軍の全面侵攻には至らないのではないかと考えていた。実際には地上軍による全面侵攻が行われたわけで、その意味では予測を外した方に入る。

ただ、いずれにしても、こうした専門家や米国の予測は、あくまで侵攻直前のものである。例えば、侵攻1年前の、２０２１年春の状況はどうであっただろうか。２０２１年は米国においてバイデン政権が発足した年であり、3月12日には、「クアッド」と呼ばれる日米豪印4カ国の首脳会談がリモートで開催され、日本が提唱した「自由で開かれたインド太平洋」の理念が米国を含む4カ国で共有されたことを明らかにしたタイミングであった。この時点で、戦略的な課題として意識されていたのは、中国であってロシアではなく、そのことに世界中でほとんど異論はなかった。１年後に大規模な紛争がヨーロッパで発生する可能性は全く予測されていなかったと言える。

1990年代、国際政治学においては、「なぜ冷戦の終結が予測できなかったのか」という問題が活発に議論された。国際政治学における分析パラダイムとして、リアリズムやリベラリズムがあるが、そのいずれもが、冷戦の終結をその直前まで予測できなかったのである。冷戦の終結が世界をより安定する方向に向けたのに対し、ロシア・ウクライナ戦争は世界を不安定な方向に向けた。その意味で全く逆の方向性を持ってはいるが、いずれにしても、冷戦終結のときと同様、今回も国際政治の大きな変化を予測できなかったという意味では変わりがない。

このことが世界に突きつける意味は重い。戦争が起こる可能性の予測ができないのだとすれば、戦争が起こる可能性に常に備えなければならないことを意味するからである。

冒頭に、戦争は人の選択の結果引き起こされる災いであると述べた。人の選択の結果引き起こされるものだとするならば、それを防ぐこともできるはずである。国連のような世界全体での努力ももちろんその1つだが、国家レベルでも、経済であったり、外交であったり、軍事であったり、様々な方策がある。ただ、日本では、長い間、このうち軍事力（防衛力）について議論することが忌避されがちであった。しかし、外交でできることとできないこと、経済でできることとできないこと、軍事でできることとできないことはそれぞれ異なる。これらは国の舵を取る営みである「ステートクラフト」の１つの手段として並列な関係にあり、それぞれの長所と短所を理解して使いこなしていかなければならない。

例えば、相手が非常に強い意志を持って現状の国際秩序を武力で打破しようとしたとき、外交的手段のみで問題を解決するのは難しい。日本では、それでも外交を重視すべき、という議論がなされることがあるが、例えば、１９４１年10月に日本で東条英機内閣が発足した時点での米国の立場に立ったときに、どのように外交を展開すれば真珠湾攻撃を回避できただろうか。筆者には思いつくことができない。こうした点を考えれば、外交で問題を解決できる可能性が極めて少ない局面があることは容易に理解できるだろう。

２０２２年2月にロシア・ウクライナ戦争が始まったこと、北朝鮮の核・ミサイル開発や中国の大規模な軍拡による東アジアの安全保障環境の緊張によって、軍事に対する社会の関心は大きく高まった。筆者を含め、何人もの安全保障専門家が毎日のようにテレビに出演し、ロシア・ウクライナ戦争における戦況や、東アジアにおける軍事問題の解説をするようになった。

その中で、筆者が「常識」と考えている軍事的な知識が社会にほとんど共有されていないこと、また、軍事力（防衛力）の重要性を感じた人々が、その役割や限界について体系的に分析するための方法論を学ぶすべが日本の中にはほとんどないことに気づいた。

しかし、いまの日本が取り囲まれている状況を考えれば、軍事を巡る問題を分析するための視角を持つことは極めて重要である。さらに日本は、2022年12月、防衛費を大幅に増額し、防衛力を増強することを決めた。こうなってくると、納税者として、自らが納めた税金がどのように使われるのか、理解し、検証する重要性もこれまで以上に増してくることになる。ただそのためには、ある程度の手がかりが必要であろう。例えば、航空戦闘がどのように展開するかを理解することなしに、航空自衛隊が進む方向性を正しく評価することはできない。陸上自衛隊や海上自衛隊についても同様である。そういった問題意識から、本書は、現代軍事の分析の入門書として、読者に、防衛問題を分析する上での手がかりを提供することを意図して執筆した。

まず第1章「なぜ軍事の知識が必要なのか」では、軍事力も政策手段の1つであり、他の政策手段と組み合わされて使われることを論じた。国際政治学における軍事力の位置づけや戦争の分析の基本的なアプローチにも言及している。

第2章「現代における「戦争」」では、また、戦場の状況を分析する上でポイントとなる原則について整理し、その上で、軍事力が実際に使われる局面である戦争が、現代ではどのような特徴を持っているのかについて論じた。

第3章から第6章については、陸・海・空・宇宙とサイバーについて、現代の戦闘がどのような展開で進むかを解説している。また、それぞれについて自衛隊がどのような取り組みを行っているかについても言及している。ここを読んでいただければ、いまの自衛隊がどのような考え方を持って整備されているのか、基本的な知識を得ることができると思う。

これらの章は流れを意識して書いているので、基本的には順を追って読んでいただきたい。そうすると、現代軍事について、ある程度分析するための視角を得ることができると思う。

なお、議論しきれなかった問題もある。特に、陸・海・空の境界を越えて行われる統合作戦や、核兵器を巡る問題に議論を進められなかったのは筆者の力不足であり、それらについてはまた別の機会に議論できればと思う。

現在の世界では、残念ながら安全保障環境が厳しさを増し続けており、2022年に始まったロシア・ウクライナ戦争など、戦争が起こることが「珍しくない」時代になりつつある。それは同時に、戦争や軍事力に関する知識を備えることが重要になってきているということでもある。本書を機に、そうした知識を持つ人が1人でも増えてくれれば、筆者としては望外の喜びである。

なお、日本においては、自衛隊を「軍事力」とは言わずに「防衛力」と呼ぶ。一方、戦略論において一般論として議論が行われる場合には、特に日本だけを区別することなく、全体を指して「軍事力」と呼ぶ。本書においては、混乱を避けるために、原則として「軍事力」と表記し、書き分けは最小限にした上で、どうしても必要な時は「軍事力（防衛力）」としたり、「防衛力（軍事力）」としている。ただこれはあくまで読者の混乱を避けるためであり、それ以外の特段の意図があるわけではないことを強調しておく。また、本書で示された見解や意見はあくまで筆者個人のものであり、いかなる意味でも筆者が所属する組織を代表するものではない。

注

1　高橋杉雄編著『ウクライナ戦争はなぜ終わらないのか』（文藝春秋、２０２３年）。

日本で軍事を語るということ　目次

[第2章] 現代における「戦争」

［第3章］陸上戦を分析する

［第4章］

海上戦を分析する

［第5章］航空戦を分析する

[第6章] 宇宙・サイバーや新興技術と軍事

［終章］

日本で軍事を考えるということ

日本で軍事を語るということ　軍事分析入門

［第1章］

なぜ軍事の知識が必要なのか

1．軍事のどこが「特別」なのか

(1) 国際政治学における軍事力の位置づけ

軍事力は、国際システムにおける究極の強制力であり、国家の存在を最終的に担保する手段である。ただし、そもそも軍事力を考える前に、肝心の「国家」の定義でさえ、実際には簡単ではない。

領土と主権によって国家が成り立っているというのが一般的なイメージだろうが、国家・領土・主権それぞれの意味は歴史的に変化し続けている。[1] 例えば、経済的な意味における主権は、グローバリゼーションの進展に伴い、国際組織と多国籍企業の双方から侵食を受けており、100年前の20世紀初めと同じような形ではなくなっている。[2]

軍事的にも、NATO加盟諸国が典型であるように、有事の際には多国籍の統合司令部に自国軍の指揮を委ね、一国だけで自国の安全保障を確保しようとしないケースが見られる。

これもまた、100年前の主権概念に基づく軍事的防衛とは大きく異なる。

ただ、ここでは国家や主権の概念に深入りするのが目的ではないので、国家については「領土を持ち、そこに住む人間に排他的に権力を行使する政治主体」と大まかに定義するにとどめておきたい。その上で、軍事力は、国家の政策目標を達成するための物理的な手段として定義できる。そして、国際システムにおいて、国家を超える権威や権力は存在しない。国際連合は国家間の協力組織であり、国家を上回る権威としての超国家政府ではない。

この状態を、国際政治学では「中央政府が存在しないという意味でのアナーキー」と呼ぶ。世界に200程度存在する主権国家それぞれが、最高の権威・権力を持つ主体として並び立ち、それらを統御する上位権威としての超国家政府は存在しない。そのため、上位権威によってそれぞれの国家の勝手な行動を抑えることができない。特に、国家が結んだ「約束」を強制的に守らせるメカニズムが国際システムには存在しない。国内社会であれば、個人や法人が契約に違反すれば民事訴訟によって訴えられたり、法律に違反すれば刑事告訴を受けたりすることがある。そうなれば、国家権力の一部である裁判所が強制力を持つ形で判決を下すことになる。

しかし、国際システムにおいては、国家が「約束」を破ったとしても、国内における個人や法人のような形で罰せられることはない。国家が「約束」を破ったときの罰は、他の国家によってしか与えられない。そのために必要なのが「パワー」ということになる。そして軍事力は、経済力などと並ぶ、そうした「パワー」の1つである。

リアリズムとリベラリズム

こうした、国際システムにおけるアナーキーな性質やパワーの重要性を強調するのが、国際政治学におけるリアリズム学派である。[3] リアリズムの中にも、国家は「パワーの最大化」を求めて行動すると考える「攻撃的リアリズム」と、パワーは安全を確保するための手段であり、目的は「安全の最大化」であると考える「防御的リアリズム」とがあるとされるが、いずれにしてもパワーの中で軍事力を最も重要な要素と見なす。

一方、国際システムにおける「約束」を守らせるためには、パワーは必ずしも必須ではないと考えるのが国際政治学におけるリベラリズム学派である。ここでは、パワーでなくても、国際法や国際機構によって「約束」を守らせることができ、国際協力が促進されると考えられる。中でも、ネオリベラル制度主義では、アナーキーであるという前提をリアリズムと共有しながらも、制度によって将来に向けた期待を収斂させ、「約束」を守らせることができるとする。[4] ここでは、国際政治における軍事力の役割は相対化される。

この、リアリズム対リベラリズムの論争は、国際政治学において長く行われてきた。[5] 特に冷戦期の米ソ関係のような、国家間の対立が顕著な状況を議論する際にはリアリズムが優位になる。逆に、国家間の協調が基調になる時代にはリベラリズムの方が説得力を持って受け入れられる傾向がある。冷戦終結後しばらくの間がまさにその時代であった。[6] この時期は実際に、対立が基調であった冷戦期とは異なり、「協調的安全保障」が広く議論された。[7]

相互に侵害され続ける主権

しかしながら、冷戦終結から30年を経て、中国の急速な経済成長と軍事力の近代化により、特に米中の競争が重要な戦略上の課題となってきた上、実際に2022年2月にロシア・ウクライナ戦争が勃発したことにより、改めて軍事力の役割が注目されるようになってきている。

ただし、同時に、国際政治が完全な弱肉強食だというわけではないことは指摘しておきたい。国際政治における軍事力の役割を考える上で、形式的な意味での主権が完全に無視され、ある主権国家が別の主権国家に軍事力で吸収されることは極めて稀な現象なのである。第2次世界大戦で壊滅的な敗北を喫した日本もドイツも、戦勝国である米国などに吸収されることはなく、主権国家としては存続した。1990年にクウェートに侵攻したイラクはクウェートの併合を宣言したが、国際社会に認められることはなく、国連決議に基づいて軍事介入した米国などの多国籍軍に敗北し、クウェートは主権国家としての地位を取り戻した。

言うまでもなく、これは国家主権が侵されないという意味でも、国家間の戦争が起こらないという意味でもない。国家間の戦争が行われたとしても、日本の中世の戦国時代に、敗れた戦国大名が勝者に領地をすべて吸収されたのと同じような形で、敗れた側が主権国家としての地位まで失う事態はまず起こらないということである。このように、現代の世界は決して弱肉強食ではなく、主権国家という地位そのものは同等に扱われている。ただし、それは主権そのものが侵害されていないということではない。実際には経済的な主権を含め、様々な形で主権は相互に侵害され続けており、主権とは「組織化された偽善」であると指摘する専門家さえいる。[8]

また、現実の世界には超国家政府がない以上、それぞれの国益の相違は、関係する国家同士で調整し、解決していかなければならない。その主要な手段は外交であり、実際に多くの国家間の問題は外交で解決されている。しかしながら、外交だけでは解決しない対立も世界には存在する。そうしたとき、軍事力が舞台の中心に立ち現れ、その優劣が大きな影響を持つことになる。必ずしも軍事力の行使に至らなくても、軍事力の脅迫・威嚇の下に好ましい形で外交を決着させようとしたり（「強制外交」という）、限定的な武力行使によって自らの要求を受け入れさせようとしたり、あるいは大規模な戦争を仕掛けることさえ起こる。

繰り返しになるが、主権国家そのものが滅びるような戦争はほとんど起こらない。しかし、国家の政策目標を達成するために、軍事的手段が必要な局面は現実に存在する。それぞれの国家の軍事力には格差があるから、より大きな軍事力を持つ国、あるいは軍事力をむき出しの形で見せつけることをためらわない国は、自国の目的を追求するために軍事的圧力に訴えることがあるからである。

そうしたとき、外交的手段や経済的手段によって、その国からの圧力に抗するのは難しい。軍事力は物理的な破壊をもたらすものであり、それが実際に行使されると、外交的手段や経済的手段によって破壊を食い止めることはできないからである。このことがはっきりしたのがロシア・ウクライナ戦争であった。2021年からロシアが軍事的圧力をかける中、ロシアは、フランスのマクロン大統領などが首脳外交まで展開してきた外交努力を無視する形で戦端を開いたのである。

冷戦から、国際協調の時代へ

国家の政策を立案し、展開していくことを「ステートクラフト」と呼ぶ。国家（ステート）を技巧を凝らして導いていく（クラフト）といった意味である。そして軍事力も間違いなく、外交力や経済力と並び、ステートクラフトにおける重要な手段である。ただし、その重要性は時代によって変化する。国家間の対立関係が深刻化すれば軍事力が重視されるようになるし、国家間の協調関係が高まった時代であれば、軍事力の役割は低下する。例えば、第２次世界大戦後から１９８０年代末まで続いた冷戦期においては、第２次世界大戦の勝者であった米国とソ連がイデオロギー対立を背景に巨大な核戦力を突きつけ合い、人類は核戦争による人類絶滅の恐怖と直面しなければならなかった。この時代においては、米国およびその同盟国と、ソ連およびその同盟国との間においては、軍事力が非常に大きな役割を果たしていた。

一方、冷戦が終結し、大国間の協調によって世界を安定させることができると信じられていた１９９０年代初めから２０００年代半ばまでの時代では、軍事力の役割は低下した。この時代は、冷戦が終結してソ連が崩壊し、大国間の深刻な対立が消滅した。冷戦の勝者でもあった米国が「唯一の超大国」として覇権国の地位を占め、「ヒト、モノ、カネ」の移動による「グローバリゼーション」が世界中に広がり、「大戦争」はもはや起こらないとさえ言われた時代でもあった。[9] 安全保障においては、国家間戦争よりも9・11テロ事件を起こしたアルカイダなどの国際テロ組織への対策が重視されるようになり、また気候変動問題をはじめとする非伝統的な安全保障問題への取り組みへの関心が高まった。その中で軍事力の役割が低下していくことは自明視されていた。

残念ながら、この国際協調の時代は幕を閉じた。２０００年代後半から、爆発的な経済成長を背景とした中国の台頭、石油や天然ガスの輸出収入をベースにしたロシアの復活、米国のイラク・アフガニスタン戦争における失敗や世界経済危機による日米欧の経済不振といった形でパワーバランスが変化し、米国の一極優位的な世界システムが動揺した。さらに南シナ海や東シナ海、台湾を巡って、米国および日本やフィリピンのような地域の同盟国と中国との関係が緊張した。ロシアも２０１４年にクリミア半島を併合して米欧と決定的に対立するようになり、中露を含む形での国際協調を進めることは非常に難しくなった。

「大国間の競争」の復活

こうした変化を反映する形で、２０１０年代終わりに「大国間の競争」という概念が登場する。「競争」はあくまで「競争」であって、「紛争」でもなければ「戦争」でもない。大国間で現に戦争が戦われているわけではないが、容易に折り合いが付けられないような深刻な対立が存在している状態を指す。現在で言えば米中、米露の関係が当てはまる。この対立は、微調整で解消できるようなものではなく、国際秩序の現状を維持すべきと考えるか、あるいは打破すべきと考えるかといった、戦略における根本的な相違に由来するものである。

しかもアジアにおける台湾、朝鮮半島、東シナ海、南シナ海や、ヨーロッパにおけるウクライナやバルト3国といった具体的な紛争要因があり、単なる政治的な対立に留まらない、戦争へのエスカレーションの危険もはらんでいる。こうした中で米国のトランプ政権は、2017年に発表した「国家安全保障戦略」で、「大国間の競争」が復活したという認識を示し、これが、時代を表すキーワードとなっていく。[10]

こうした時代の流れを決定的にしたのが、2022年2月のロシアによるウクライナ侵攻であった。「大国間の大戦争はもう起こらない」と考えられていた時代が終焉し、軍事力を行使して戦争を始めることが国家の政策オプションとして選択されるような時代が到来したことを、世界の人々が否応なしに強く認識せざるを得なくなったのである。

現にロシアとウクライナの間で戦争が戦われていることからもわかるように、ステートクラフトにおける軍事力の役割は大きくなってしまっている。そうした時代においては、一般市民もまた、軍事力の役割についてより理解を深めていく必要がある。そうでなければ、民主主義国家の政策を正しく選択していくことができないからである。では、軍事力とは、そのほかの政策手段とはどう違うのか、それをここから考えてみたい。

（2）戦争はなぜ起こるのか

軍事力が実際に使われる状況は、言うまでもなく戦争である。そして戦争になると、多数の人命が失われ、膨大な破壊がもたらされる。直感的に見て、戦争で人間が幸せになれるとは思えない。しかし人類の歴史の中で戦争は絶えないのが現実である。それはなぜなのか。戦争の原因を探ることができれば、平和の可能性を少しでも高めることができるだろう。そこで、国際政治学においては、「戦争はなぜ起こるのか」、あるいは「どうすれば戦争を防ぐことができるのか」が、非常に重要な問いとなっている。

この問題について、包括的な視点から分析を行ったのが、米国の国際政治学者であるケネス・ウォルツである。彼は、1959年の著書『人間・国家・戦争：理論的分析』で、3つのアプローチから戦争の原因論を分析した[11]。

個人、国家、国際システム——3つの要因

まず、個人である。これをウォルツは第1イメージと名付けた。つまり、戦争は個人の人間性や行動によって引き起こされるとする考え方であり、意思決定を行う政治家の愚かさで

あるとか、攻撃的な衝動、あるいは利己主義によって戦争が引き起こされると考える。いわば、戦争は「悪い政治家」が引き起こすという立場である。このイメージに立つ場合、戦争の原因は、個々の政治家がいつどのような判断を行ったか、あるいはそのときどのような心理状態だったかといった、非常にミクロな意思決定プロセスに踏み込んで分析されることになる。

次に、国家に戦争の原因を求める考え方である。これをウォルツは第2イメージと名付けた。例えば、国家が国内の世論を1つにまとめるために対外的に戦争を行うような場合が当てはまる。この場合、特に戦争を志向しやすい国家システムと志向しにくい国家システムがあると考えられ、後者が増えていけば平和になると考えられることになる。民主主義が広がれば世界が平和になると考える「民主主義の平和」論がこの第2イメージに当てはまる[12]。

3つ目が、国際システムがアナーキーであることに原因を求める考え方である。これをウォルツは第3イメージと名付けた。前項、リアリズムのところで述べたように、国際システムにおいては主権国家が最高の権威と最大の権力を有しており、それを統御する超国家組織が存在しないため、それぞれの国家は自己の生存を自助（セルフヘルプ）によらざるを得なくなる。そしてその場合、他の国家との間の勢力争いになり、最悪の場合に戦争になってしまうという考え方である。「悪い政治家」も「悪い国家」も存在せず、国際システムが「自助の体系」であるがゆえに国家は戦争をしなければならなくなるときがあるとする考え方である。

この3つのイメージは「分析レベル」と呼ばれる。戦争に限らず、様々な国際政治現象を分析する枠組みを作る際に、どの分析レベルをベースにするかをまず定めることが通常である。このうち、個人に焦点を当てる第1イメージは、分析の解像度は高いが、逆に一般化してパターンを見いだすことは難しい。一方、国際システムに焦点を当てる第3イメージは、分析の解像度は低いが、国際政治におけるパターンを見いだすことに適している。

ロシア・ウクライナ戦争に当てはめて考える

理解を深めるために、この3つのイメージをロシア・ウクライナ戦争に当てはめてみよう。まず第1イメージの個人だが、これは戦争の原因をロシアのプーチン大統領に求める考え方となる。「プーチンの戦争」というような言葉もあるが、文字通り、プーチン大統領個人の思い込みや判断によってこの戦争が引き起こされたとする考え方である。

次に第2イメージでは、プーチン大統領ではなく、ロシアという国家がこの戦争を引き起こしたと考えることになる。逆に言えば、大統領がプーチンであろうと他のロシアの政治家であろうと、2022年2月にロシア・ウクライナ戦争が起こったであろうと考えることになる。

第3イメージの場合は、国際システムのアナーキーさにこの戦争の原因を求める。例えば、現時点でのロシアにとって、ウクライナを自らの勢力圏下に収めることが、自らの地位を維持するのに必要と考えたからロシア・ウクライナ戦争が起こったとする考え方だが、ロシアでなく、中国でもアメリカでもフランスでも、同じような立場におかれれば同じように戦争を行っただろうと考えることになる。

ここでは、どのイメージがアプローチとして適当かについてはこれ以上の議論は行わない。3つのイメージは、戦争の原因を考える枠組みであり、これに基づいて「悪い政治家」や「悪い国家」の出現を阻止するための努力は議論されるべきであろう。しかし、第3イメージが正しいとするならば、主権国家を中心とするいまの国際システムが続く限り、戦争を根絶することはできないということになる。さらに、事実として現実の世界で戦争が行われている以上、いま世界の各地で行われている戦争が「最後の戦争」になる可能性はほとんどない。そうだとするならば、戦争が万一起こってしまった場合に、軍事力はどのように使われるのかについての知識はやはり必要であろう。次節ではこの問題についてもう少し考えてみる。

2. ステートクラフトの手段としての軍事力

(1) 軍事力を使う「目的」

「軍事」と聞くと、一般的に浮かんでくるイメージは、兵器であり、戦争であろう。特にロシア・ウクライナ戦争が展開しているいまは、ロシアやウクライナが戦場で使用している兵器や、欧米諸国がウクライナ支援のために提供している兵器、そしてそれらが実際に使われている戦場の様子が世界中で報じられている。

ただ、世界で展開している戦いはロシア・ウクライナ戦争だけではない。内戦を含めれば、中東やアフリカなどで現在進行形の戦いはいくつも展開している。米国とソ連が膨大な量の核兵器を突きつけ合いながらも、相互核抑止の効果もあり、直接戦争することなく終わった冷戦期でも、地域紛争や民族紛争は世界のどこかで起こり続けていた。また、実際に戦争には至っていないが、朝鮮半島や台湾海峡のように、戦争勃発が懸念される地域もある。

戦争は政治的な営みである

ところで「戦う」とはどういうことだろうか。「戦い」においては、兵器が実際に使われ、「破壊」を伴う形で人間の命が奪われる。国家が使用する様々な政策手段のうち、この点が軍事力の特殊性である。なお、現代の国際社会においては戦争は違法化されており、国連憲章に基づく自衛権の行使もしくは国連安全保障理事会の決議に基づく強制措置でしか、合法的に「戦う」こと、すなわち武力行使を行うことはできない。しかし、残念ながら、実際にはそれ以外の形で「戦い」が起こっていることも事実である。１９９０年8月のイラクのクウェート侵攻であるとか、２０２２年2月のロシアのウクライナ侵攻がそうした武力行使の例となる。

いずれにしても、国家の政策であれ企業の活動であれ、軍事力が物理的に使用されることでもたらされる破壊を上回る破壊はない。それゆえ、軍事力を実際に使用する判断は簡単にできるものではない。実際、軍事力は、破壊そのもののためではなく、破壊によって何か重大な目標を達成しようとするときに使われる。

この点を体系的にまとめたのが、軍事戦略論の古典である『戦争論』の著者として知られるクラウゼヴィッツである。彼は19世紀のプロシアの軍人であったが、フランス革命後、ヨーロッパにおける戦争が王朝間の戦争から、徴兵された軍隊間の国民戦争に変容したことを受け、戦争の性質を様々な角度から考察し、戦争を「政治的行為であるばかりでなく、政治の道具であり、彼我両国の間の政治的交渉の継続であり、政治におけるとは異なる手段を用いてこの政治的交渉を遂行する行為である」と看破した。[13] つまり、クラウゼヴィッツは、戦争とはナショナリズムや闘争本能によって導かれるべきものではなく、政治的な営みとして、政治に設定された目的を実現するための手段として行われると位置づけたのである。

もちろん『戦争論』以前でも、多くの戦争は政治的目標を達成するために行われてきた。クラウゼヴィッツの名を不朽のものとしたのは、軍事的目的は政治的目的に従属することを、直感ではなく、論理に基づいてはっきりと言語化したことによる。これは軍事戦略を考える上で一般的なフレームとなり、また国際政治において非常に重要な原則ともなった。軍事力は、政策の「道具」として使われるのである。

なお一方で、政策の「道具」として軍事力が使用されるのは、政府・軍隊・人民が「三位一体」をなす近代国家システムにおいてであり、そうではない環境においては、闘争本能に基づいて軍事力が使用されることがあるとの指摘もある。[14] その意味で、軍事力を「道具」として位置づけられない環境があることもまた事実であろう。しかし、「三位一体」であることを前提とできる時代や環境においては、クラウゼヴィッツの原則に基づいて、軍事力を政策追求の1つの「道具」とした「ステートクラフト」が展開されていくのである。

（2）経済・外交と軍事の関係

多くの国家は、「戦略」を持つ。「国家安全保障戦略」といった戦略文書を作成することもあれば、そういった戦略文書を伴わないこともあろうが、一般的に見て、どの国家も何らかの「目的」を持ち、「手段」と「方法」を通じてそれを達成しようとする。

ここで言う「目的」とは、最終的に実現を目指す状態を指す。「手段」は、目的を達成するための具体的な行動そのものや行動に必要なツールを意味し、「方法」は、それらの具体的な行動やツールをどのように組み合わせて実行していくかを表す[15]。この、「目的」「方法」「手段」を組み合わせ、何を実現したいのか、どのようにそれを実現させるのかを論理的・体系的なロードマップとして示すのが戦略である。

ただし、国家レベルともなると、実際には戦略はいくつもの下位戦略を伴う複層構造をなしている。一般的に国家の安全保障を考える場合には、最上位概念として「大戦略」が設定された上で、下位戦略として「軍事戦略」が組み立てられる。

下位戦略である軍事戦略においては手段・方法の中心は軍事力になるが、上位戦略である大戦略の手段は軍事力に限定されない。大戦略のレベルでは、外交や経済政策のような、他の「ステートクラフト」の手段も包含される形で目的・手段・方法の組み合わせが示される。このレベルにおいては、軍事力は「ステートクラフト」の1つの手段として捉えられ、外交政策や経済政策と同様に他の政策遂行の「道具」と等価として位置づけられる。

外交と経済の役割

ただし、それぞれの「道具」には、それぞれに「得意」や「不得意」があり、適切な組み合わせは、戦略環境やどのような具体的な政策課題を抱えているかで変わってくる。軍事力については前項で触れたので、ここでは外交と経済を見てみよう。

まず、外交だが、そもそも外交関係は国家として相互承認しているあらゆる国家の間で成立している。外交とは、一般的にはそれらの関係が安定するように管理していく営みである。国家間の関係の安定とは自明なことではない。それぞれの国家は、それぞれに異なる利害を有しており、安全保障に限らず、経済、政治、社会など、国ごとに異なる利害を調整しなければならない局面は非常に多い。また、利益や価値の重なり合う国とは、単なる利害の調整に留まらず、経済面におけるFTA（自由貿易協定）やEPA（経済連携協定）、安全保障面における同盟を含む安全保障協力を進めていくこともまた外交の役割である。問題があるならそれを明確化した上でお互いが歩み寄って妥協点を探し、協力するならば具体的な協力項目を明確化し、何らかの形で外交文書という形に仕上げていくのが外交だと言える。

次に経済だが、経済の大きな特徴は、外交や軍事と異なり、国家に独占されていないことである。むしろ現代における主要な行為主体は国家ではなく、企業となっており、民間の企業活動は時に国家を上回る影響を国際関係にもたらす。[16] その意味で、国家の戦略としての経済政策は役割が限られる。

例えば国内産業の育成のための産業政策の一環として関税を定めたり非関税障壁を設定するようなことがあるが、逆に、企業間の経済関係が国境を越えて展開していきやすいように、関税や非関税障壁を引き下げるFTAやEPAを広げていくといった政策もある。こうして、Aという国の経済とBという国の経済の結びつきが強くなり、お互いにお互いを必要とする経済的相互依存関係が強まっていくと、AとB両国ともに関係の安定化を求めるようになっていくことが多い。特に、民主主義国家同士であれば、経済的相互依存関係の深化は安全保障上の関係を安定化させると考えられており、それを支持する「リベラルピース」という考え方がある。[17]

ただし、経済的相互依存関係の深化は、一方通行的に国家間関係を安定させるわけではない。実はそのこと自体が国家同士のパワーゲームの材料ともなる。なぜなら、Aという国家とBという国家の経済関係は、完全に同じような形で相互に依存することにはならないからである。AのBに対する依存の方が、BのAに対する依存よりも大きいこともあり得るし、あるいはAにとってBは代替の利かない相手だとしても、BにとってはAだけではなくCやDといった代わりがあることもあり得る。このようなパワーと相互依存の形を体系的に考察したのがジョセフ・ナイとロバート・コヘインで、彼らは、パワーと相互依存の関係を考察するために、「感受性」と「脆弱性」という2つの概念を提示した。[18] 感受性とは、相互依存関係が切断された場合に短期的に受ける影響を指し、脆弱性とは長期的に受ける影響である。

経済安全保障

相互依存関係が切断されたときに受ける影響が小さい方は、相互依存関係をパワーとして使用し、相手の行動に影響を及ぼすために使うことができる。なぜならば、影響が「大きい」方が、影響が「小さい」方により大きく依存していると考えられるため、前者が後者の要求を受け入れなければならなくなる状況が生まれ得ると考えられるからである。

先述した「感受性」と「脆弱性」の区別は、相互依存関係が切断された場合でも、新しい状況に適応するために両国の経済が変化すると予想されることによる。例えばA国はB国よりも早く他の貿易や投資のパートナーを見つけたり、国内経済の構造改革に短期的に成功することが期待できるならば、A国の方が「感受性」が低いと考えられる。また、短期的な影響がある程度似通っていたとしても、長期的な適応性は両国で異なる可能性がある。その適応性を評価するための基準が「脆弱性」である。

２０１０年の日中関係において中国は、このような形で経済的相互依存関係をパワーの手段として使用した。９月に、尖閣諸島周辺の日本領海内で中国漁船が日本の海上保安庁の巡視船に体当たりし、船長を日本側が拘束した事案に際し、当時の日本の製造業が大きく依存していたレアアースの輸出を禁止したのである。

これは短期的には非常に大きな影響があった。つまり相互依存の「感受性」が日本の方が大きかったために、日本が非常に強い圧力を中国から感じることになったのである。しかし、「脆弱性」から見ると局面が変わってくる。日本は中国のレアアースに依存しないですむような研究開発を進めている。これが中国への依存度を根本的に低下させるようなことになれば、長期的には逆に中国の影響力を低下させることになる。

このように、経済的相互依存の進展は、単純に戦略環境を安定化させるわけではない。相互依存が進むことによって、経済的手段が圧力をかけるための手段となることもあるのである。「ステートクラフト」としての経済的手段、すなわち「エコノミック・ステートクラフト」である。[19] これは最近では経済安全保障とも呼ばれる。

（3）軍事力が必要になるとき

前項では「ステートクラフト」の手段として、軍事力以外の経済と外交について考察した。ただしこの考察は基本的には平素の国家間関係において当てはまるものである。国家はそれぞれ異なる利害を有するのが通例であり、通常は外交によって調整されていく。しかし、民族問題や経済問題、政治問題やイデオロギーなど、利害の対立が極めて大きくなり、外交関係が緊張することは少なくない。

もちろん、そうした場合でも一義的には外交による調整が図られるだろう。ここで外交に求められるのは、A国の要求とB国の要求を話し合いによってすりあわせていくことである。その結果、両者が歩み寄って「落としどころ」で合意すればそれで問題は解決する。しかし現実の国際政治においては、お互いの主張が折り合わないこともある。単なる話し合いだけで利害の調整ができなかったとき、パワーが登場する。ここで言うパワーとは、軍事力に限られない。情報でも経済でも、相手国の主張を変えさせる圧力になり得るものであれば、こうした局面におけるパワーになり得る。

経済力をパワーとして使用する典型的な例が経済制裁である。経済制裁は、相手国の経済に影響を与えるために行われるもので、輸出入を制限したり関税を引き上げたりする形で実施される。例えば、北朝鮮の核・ミサイル開発に対して国連決議に基づいて行われている経済制裁においては、大量破壊兵器開発に関連する資機材の輸出入を禁止したり、あるいは北朝鮮の体制エリートの生活に打撃を与えるためのぜいたく品の輸出禁止などが行われている。ロシア・ウクライナ戦争においても、ぜいたく品はもちろん、石油・天然ガスの価格上限の設定や金融制裁など、ロシアに対する様々な経済制裁が行われている。

ただし、制裁は行った側にもダメージが降りかかる。例えばロシアに天然ガスを依存している国にとっては、ロシアからの天然ガス輸入を取りやめてしまったら、自国がエネルギー不足に苦しむことになる。前項で経済的相互依存について説明したように、国家間の経済的相互依存関係を切断したときの影響度は国によって異なることがここでは重要なポイントとなる。切断しても影響の小さい側が、切断したら大きな影響を受ける側に経済制裁をかけるならばその効果は大きい。しかしその逆は効果が小さいし、そもそも経済制裁を実行すること自体が難しくなる。

また、経済制裁が効果を持つには時間がかかる。相手の経済活動が低下すれば効果があったことになるが、もともとの利害対立が深刻であった場合は、多少の経済的な悪影響を受けても政策を変えることはない。

軍事力が有効になる状況とは

深刻な利害対立があるときに、重要な影響力を持つパワーが軍事力である。ただ、軍事力は、「破壊をもたらす」という意味で特殊なパワーであり、あらゆる利害対立において影響力を持つわけではない。例えば、対立はあっても国益に照らして重要度がそれほど大きくなければ、軍事力が意味のある影響力を持つことはない。また、1980年代の日米貿易摩擦のように、安全保障面で国益が共有されている上で経済的に対立しているような状況においても、軍事的圧力によって問題の解決が図られることはない。

そう考えると、国家間の利害対立を解決する過程で、軍事力が重要な役割を果たすような状況は実は限定されている。ただ、国益に照らした重要性というのはそれぞれの国が主観的に評価するものである。同じ問題であっても、ある国家にとっては軍事力を用いるほど重要であるが、別の国にとってはそうでないこともあるかもしれない。その意味で、どのような状況で軍事力が有効になるのか、客観的に定義するのは難しい。

また、国家間の利害対立を調整するための軍事力の役割といっても、それは武力行使、すなわち戦争とは限られない。外交交渉が合意に至らなければ武力を行使するという脅しをかけながら、相手に譲歩させようとする「強制外交」という形態もある。これは、軍事的圧力をかけながらの外交で、「瀬戸際外交」とも呼ばれる。

最近の例としては、２０１７年の北朝鮮ミサイル危機がある。このときは、度重なる国連安全保障理事会決議にもかかわらず核・ミサイル開発を続ける北朝鮮に対して、米国が軍事力を展開して圧力をかけた。限定的な武力行使も検討されたとされるが、同時に、北朝鮮を武力攻撃することよりも、非核化協議の場に引っ張り出すことが目的であるとの米側の発言もあった。

それ以前も、北朝鮮の核・ミサイル開発については、まず外交的解決が図られ、１９９４年には「枠組み合意」、２００３年からは「六者協議」が行われてきた。特に六者協議では２００５年９月に非核化合意が結ばれ、「行動対行動」の原則の下に段階的に北朝鮮の非核化が進められるとされていたが、わずか1年後の２００６年に北朝鮮は最初の核実験を、２００９年には2回目の核実験を行い、非核化を進める意思がないことを行動で示していた。そうした形で核・ミサイル開発を進める北朝鮮と、非核化に向けた協議を始めるのは容易なことではない。そのため、まず外交交渉の席に北朝鮮をつかせるために、米国は軍事力による圧力をかけたのである。これは強制外交の典型的な例だといえる。

重要となる軍事的抑止力

このように、外交協議の場においても、軍事力は黙示的な役割を果たすことがある。そのときに重要になるのが軍事バランスである。A国とB国の間に深刻な利害対立があり、外交的な事態の打開が図られている状況で、軍事バランスがA国に有利であった場合、A国は「交渉が決裂しても戦えば勝てる」と考えるために、自らの要求を下ろすとは考えにくい。逆に軍事バランスが不利なB国は「戦えば負けてしまう」と考え、A国に譲歩を強いられる可能性が高くなる。強制外交は、こうした状況でB国に譲歩を促すために、より軍事的圧力を強める形で展開される。

一方で、軍事バランスが均衡しており、いずれの側も優位でない場合、あるいは、仮に決裂して戦争になった場合でも、両国にとって損害が非常に大きいと見積もられ、勝利によって得られる成果よりもコストの方が大きいと考えられる場合には、深刻な利害対立があってもお互いに歩み寄って危機を収束させ、妥協による解決を図る可能性が高くなる。典型的な例はキューバ危機であろう。キューバ危機においては、ソ連がキューバに核ミサイルを配備したが、米国はその撤去を求めて軍事的圧力をかけた。結果、ソ連は核戦争のリスクを冒してまでキューバへの核ミサイル配備を強行するのではなく、米国の要求を受け入れる道を選択して戦争を回避した。

軍事的手段と外交的手段は時に二者択一の形で議論されることが多いが、ここで述べたように、実際には軍事的抑止力が外交的解決を促す状況もある。抑止力とは、端的に言えば相手の軍事的勝利を阻止する力である。前述のケースで言えば、B国がA国の勝利を阻止するのに十分な軍事力を保持していれば、A国は、軍事力行使を選択してもB国の軍事的抵抗や反撃によって目的が達成できなかったり、利益に見合わない損失を受けてしまうと考え、軍事的手段による目的達成を断念して外交的妥協を求めることになろう。

シンプルに言えば、どんなに深刻な対立があろうとも、「戦争になっても勝てない」と考えさせることができれば、相手に歩み寄るインセンティブを持たせることができる。その意味で、軍事的手段と外交的手段とは相互補強的な関係にある。

軍事力は、「破壊」を実際に引き起こすのではなく、抑止という形でもステートクラフトの中で重要な意味を持つ。繰り返すが、抑止とは相手に「勝てない」と思わせることで成立する。そのために必要なのは、ある程度の軍事力を持つことである。つまり、軍事力とは、「使う」だけでなく「つくる」プロセスも重要だということである。次節では軍事力を「つくる」ことについて考察する。

3. 平時の軍事力と戦時の軍事力

(1) 平時における軍事力——企業戦略との共通点

軍事力が他のステートクラフトの手段と比べて特異な点は、繰り返しになるが、「破壊をもたらす」ことである。しかし、どのような国であっても、歴史を通じて実際に戦争を行っている時間はそれほど長くない。つまり、軍事力を物理的な破壊のために「使う」時間は実際には短いということである。では、軍事力にとって「使われていない」時間はどのような時間だろうか。その間、軍事力はもちろん抑止力として機能するが、同時に、「戦いに備える」時間でもある。その備えている間、行われているのが軍事力を「つくる」ことである。

最悪の場合、軍事的敗北は国家に重大な災厄をもたらすため、軍事力を「つくる」のは国家的な事業である。それだけに、考えるべきことも多い。まず、どのようなコンセプトの下に戦うかを考え、そのコンセプトを支えるために必要な能力を考え、その能力を実現するためにはどのような部隊を編成する必要があるかを考え、それらの部隊が有効に戦うためにはどのような装備を持つ必要があるかを考えなければならない。

そしてこれらの問いには、1つの客観的な答えが用意されているわけではなく、いくつもの可能性があり得る。また国家や軍事組織が、実際にはいくつもの下位組織からなる巨大な組織である以上、それらの下位組織にもそれぞれの組織利益があり、国家全体の全体最適に必ずしも従うわけではない。

これらの下位組織の組織利益との調和を図りながら、軍事力を「つくる」方向性が定まったとしても、それだけで「つくる」作業は終わりにはならない。予算を獲得し、執行していかなければ、「つくる」ことはできないし、新たな能力を整備し、部隊を編成するとなれば人事上の手当も必要になる。また必要があれば組織の改編も行わなければならない。実際、こうしたプロセスにおいては、軍事組織といえども普通の民間企業や政府の他の部門と変わりはない。軍事力を「使う」ときには、破壊をもたらすという点で社会の他の分野とは全く異なる性格を持つが、それを「つくる」ときには他の分野と大きな違いはないのである。

戦車・空母が戦力に組み込まれるまで

こういった点は、新兵器を導入して新たな能力を整備していこうとする場合に顕在化する。例えば、第1次世界大戦で戦場に姿を現した戦車を、どのような形で既存の陸上戦力に組み込んでいくかは、第2次世界大戦に至るまでの戦間期の列強の陸軍にとって重大な課題であった。しかし、平時においては官僚機構に他ならない軍において、既存の兵科である歩兵や砲兵との関係で、新たな兵器である戦車の導入は簡単に進んだわけではない。特に戦間期は軍事費も抑えられた時期であるから、戦車に予算が振り向けられれば既存の兵科への予算が削減されることになるため、戦車を独立した戦力として整備することで歩兵や砲兵へのリソースを削減するより、あくまで歩兵の支援火器として捉えようとする動きは根強く存在していた。

よく知られているとおり、ドイツにおいて戦車の戦力化は最も早期かつ効果的に進んだが、これも軍自体の自己改革の結果として成し遂げられたことではない。当時ドイツの実権を握り、軍の近代化を欲していた文民指導者であるヒトラーと、軍内部で戦車を支持し、伝統的な軍部内エリートと対立していたハインツ・グデーリアンらの改革派の連携が形成され、戦車を独立した戦力として整備していく組織改革が進んだのである。[20]

組織改革だけでなく、人事制度の見直しも、新たな能力を整備していく上では重要な意味を持つ。やはり戦間期の例になるが、空母をいかに戦力化していくかという、当時の3大海軍国である日米英の取り組みにそれは顕れている。[21] 当時最大の海軍国であったイギリスは、実際には空母の戦力化を日米ほどにはうまく進められなかった。その大きな要因は、艦載機が空軍所属であったことである。空軍にとっては、自分の戦力を維持・強化することが重要であるから、海軍のために作戦を行う艦載機には優秀なパイロットを配属しなかった。また、空母からの航空作戦についての当事者意識も乏しかったから、十分な予算も割かなかった。そうなると、パイロットの士気は下がるし、イギリス軍全体として艦載機戦力を整備していくという動きにはなっていかない。

一方アメリカは、艦載機を海軍所属とした上に、空母の艦長をパイロット出身者に限定するという施策を早い段階で採った。将来性のある新しい兵科だとしても、人事上十分な待遇がなされなければ、若い優秀な人材は新たな兵科を希望しなくなってしまう。ところが米海軍は、少なくとも空母の艦長になれるという道を設定したことで、将来の待遇を若い人材たちに約束して見せたのである。

将来の戦闘についての予測は当たらない

さらに、実際に軍事力を「つくる」上では時間も必要となる。兵器の調達はコンビニで出来合いの惣菜を買うようなわけにはいかない。戦い方のコンセプトに合致した仕様を考え、開発を行い、生産ラインを整備して実際に必要な数が調達されるまでには十年単位の時間がかかるし、それらの兵器を操作する人員の訓練にも時間がかかる。そのため、軍事力を「つくる」作業は、現在ではなく、将来の戦略環境や戦闘様相を見越して考えなければならない。しかし、将来の戦闘についての予測はほとんど当たらない。イギリスの戦略家であるローレンス・フリードマンは、『戦争の未来』という本で、過去約100年にわたって、どのような形で将来の戦争が予測されてきたかを論述し、そのほとんどすべてが外れていることを明らかにした[22]。

このように予測が外れた最近の例としては、ロシア・ウクライナ戦争が挙げられる。冷戦が終わり、大国間の対立が過去のものとなったと認識された時期には、先進国が対処すべき今後の軍事的作戦は対テロ作戦や低烈度の安定化作戦が中心になると考えられていた。冷戦期に想定されていたような多数の戦車が撃ち合うような重火力戦闘はもう起こらないと予測され、すべての先進国では、陸上部隊の編成をコンパクト化したり装備を軽量化して緊急展開能力を高めていく改革が進められた。

しかし、2022年2月に始まったロシア・ウクライナ戦争では、冷戦終結以来「起こらない」と考えられていた重火力戦闘がまさに中心となり、ウクライナを支援する米欧諸国は、重火力戦闘に不可欠な大量の砲弾を供給するのに苦しんでいる。そしてロシアもまた、チェチェン紛争のような非国家主体を相手とする紛争への対処を重視して部隊のコンパクト化を行っていたため、重火力戦闘に苦戦することとなった。

軍のイノベーションは細かな変化の集積

未来を予測しなければならないこと、さらにその未来の予測がなかなか当たらないことが、前述した新たな能力を整備していく上でも重要な問題になる。この点について重要な指摘を行っているのが、戦車や空母を含む戦間期の軍事的イノベーションについて体系的なケーススタディを行ったウィリアムソン・マーレーとアラン・ミレットである。彼らは、イノベーションの成功条件として、戦略上の現実適用性に適合していること、官僚組織に受容されやすい構想を打ち出すこと、そしてその構想を不断に検証し絶えず修正することを挙げた。

彼らは、変革のプロセスは簡単なものではなく、また偶然に左右されるとしつつも、さらにその上で、軍のイノベーションとは実際には細かな変化の集積として達成されるものであるから、そうした変化を促進させる必要があり、そのためには、「変革の官僚化」を避け、失敗をおそれずに積極的に検証を行う組織文化が必要であると主張した。[23] 組織を改革していく上でのこうした点の重要性は、軍事組織であろうと、官僚組織であろうと、会社組織であろうと変わらない。

この点について、経営戦略の分野における議論に少し触れてみよう。経営戦略の専門家であるクレイトン・クリステンセンは、ビジネス戦略形成の方法論として、事前計画プロセス

(deliberative process)と創発的プロセス(emergent process)があることを提唱した。事前計画プロセスとは、明確な検討開始の時点と終了の時点が存在し、意識的かつ分析的に行われる。ただし、これが成功するには、以下の3つの条件が必要とされる。

第1は、そこで作られる戦略が重要なディテールをすべて組み込んでいること、第2は、すべての従業員が目標を共有し、戦略通りに行動すること、第3は、外部の政治や技術、あるいはマーケットの力による予期せぬ影響を受けないことである。[24]

一方、創発的プロセスとは、資源配分の優先付けに関する日々の決定の蓄積として形成される戦略であり、事前計画プロセスにおける分析や計画では予期できない機会や問題に対応していった結果として形作られるものであるとされる。[25] これは、事前計画プロセスと異なり、将来が予測困難で何が正しい戦略なのか明確ではない状況において必要なイノベーションの方法論であるとされる。[26]

クリステンセンの議論は、軍事的イノベーションを細かな変化の集積であると考え、失敗を恐れずに積極的に検証を行う組織文化を重視するマーレーとミレットの議論と大きな違いはない。その点で、軍事力を「つくる」プロセスは、軍事力に特異なものではなく、企業活動などと比べても共通点を多く見いだせるものでもある。

（2）戦時の軍事力――「アート」としての意思決定

軍事力は、外交や経済と同様にステートクラフトの1つの手段である。平素においても、軍事力は抑止力という形で常に「使われて」いると考えることもできる。一方で、最も極端な状況では、軍事力は戦争における武力行使の形態を取り、物理的な破壊をもたらす。ただし、それがステートクラフトの1つの手段として使用される以上、政治的目的に沿った形で軍事力は「使われ」なければならない。

そこで登場する概念として「軍事的合理性」というものがある。戦場においてある国の軍が他の国の軍よりもパフォーマンスが悪ければ、戦場において劣勢になり、その国にはより多くの物理的破壊がもたらされる。そのため、軍事行動は、軍事的に有効か否かという点にのみ沿って決められるべきと考えるのが、「軍事的合理性」という指標である。

ところが、軍事力を使って行われる国家間の闘争は、何らかの政治的目的を達成するために行われているのであり、闘争それ自体が目的ではない。そのため、軍事力は、「軍事的合理性」だけではなく、政治的目的に沿った形で使用されなければならない。それを前提に、ここでは、ステートクラフトの手段として軍事力が実際に「使われる」状況での特徴を3つ挙げておきたい。

「戦略的評価基準」を見つけ出す

第1は、戦時において軍事組織の活動パターンが大きく変わることである。例えば、前項で触れた軍事的イノベーションの研究者であるスティーブン・ピーター・ローゼンは、平時と戦時において、イノベーションに向けた軍内部のダイナミクスが変わることを指摘している。[27]平時においては、軍内部では常に様々なグループが、「新たな勝利の理論」ないし自己利益を追求して相互作用しており、そうした力学の中で、軍事的イノベーションを含む軍事力を「つくる」作業が進められる。一方、戦時においては、軍はまさにその「本来の任務」を果たしている最中であり、平時のようなグループ間の官僚的対立は低減され、むしろ目的達成のために様々な変革が試みられる状況になる。

ローゼンは、この場合にイノベーションの成否を決する鍵となるのは、平時と異なり、組織改革や人事制度の見直しを行うことではなく、戦争に勝利するという全体の目標に最も効率よく寄与するための新たな「戦略的評価基準」を見つけ出し、その基準に合わせて行動できるかである、と指摘した。自らが軍事的優位を確立するためには何が必要かを的確に認識し、それを達成するために新たな能力を適切に使用することが重要だと論じたのである。つまり、平時においては官僚機構的な力学によって支配される軍事組織が、有事の際には目的合理性を優先させるようになるということである。ただし大きな問題は、その「戦略的評価基準」を見つけ出すことそれ自体が難しいことである。その理由が第2の特徴につながる。

「相手」との競争的な相対性

ステートクラフトの手段として軍事力を実際に使用するときの第2の特徴は、「相手」がいることである。戦争は1カ国だけで起こすことはできない。必ず2カ国以上の間で戦争は起こるから、これは当たり前のことでもある。重要な点は、戦争における交戦国同士の関係は、陸上競技におけるタイムトライアルのように、何らかの客観的基準（陸上競技の場合は時間や距離）の上で、その優劣を競い合うのではなく、サッカーのように相対的な優劣を争い、しかも結果は完全にゼロサム的なものとなることである。

戦場において一方が勝利すれば、一方が敗北する。一方がある地点を占領すれば、もう一方はその地点から撤退させられる。しかも戦場での帰趨は相対的なバランスによって決まるから、自国軍の兵力の数や士気、あるいは装備の性能がそれほど良くなかったとしても、相手の兵力が自国よりもさらに少なかったり、士気が低かったり、装備の性能が劣っていたとすれば、戦場において勝利することができるし、逆に兵力が十分に思えたり、士気が高かったり、装備の性能も高かったとしても、相手がそれ以上の兵力や士気、装備を持っていれば戦場で敗北する公算が高くなる。

こうした競争的な相対性は軍事力を実際に「使う」場合の重要な論点である。そのため、彼我のリソースの量や能力の優劣は、絶対的な基準ではなく、他のプレイヤーとの関係で相対的に評価しなければならない。さらに、他のプレイヤーはそれぞれに特徴が異なるであろうから、Zというプレイヤーに対して優位だったとしても、Xというプレイヤーに対しても優位でいられるとは限らない。

相対的なバランスだけでなく、実際に作戦行動を起こした場合に、有効に目標を達成できるかどうかは相手の行動によっても変わってくる。自分たちがどれほど優れた作戦を立てたとしても、相手がより以上に優れた作戦を立てていれば戦場で有利にはならないし、逆に凡庸な作戦でも、相手の対応がより低レベルのものであれば戦場で優位に立つことができる。そう考えると、前述した「戦略的評価基準」を見つけ出すことの難しさも明らかであろう。Xという相手に有効な「戦略的評価基準」だったとしても、Zという相手にも有効とは限らないのである。

軍事力を実際に「使う」場合に「相手」がいるという状況は詰め将棋に似ている。必要となるのは、まずこちらの打ち手を考え、それに対する相手の打ち手を考え、さらにこちらの打ち手を考えていくことである。戦争には相手がいる以上、自分の事情だけ考えていては目的を達成できない。その意味で、軍事力を「使う」局面になったとき、その使い方について、一義的に定まる絶対的な「正しい答え」は存在しない。相手の動きによってこちらの最適解は絶えず変わっていくのである。

「戦場の霧」――不確実性を前提とした意思決定

しかし、こうした相対性を重視したアプローチにも限界はある。それがステートクラフトの手段として軍事力を「使う」局面での第3の特徴である「戦場の霧」である。「戦場の霧」とは、情報収集の手段の限界や情報処理能力の限界、また相手の指揮官の内心をのぞき込むことができないことなどから、実際には戦場の状況を完全に把握することができず、「霧」がかかったような状態であることを指す。[28] そのため、戦場では、相手の動向について、意思決定の正否に確信が持てるような確かな情報を得ることができないことが多い。

それでも、戦場の指揮官は決断をしなければならない。この点に着目して提唱されたのが、OODAループという概念である。これは「観察（observe）」「判断（orient）」「意思決定（decide）」「行動（act）」からなるサイクルで、まず状況を観察し、どのような状況なのか判断した上で、なにをするか意思決定を行うというものである。[29] 重要なのは、意思決定を中心にループが作り上げられていることで、観察によって１００％確実な状況が把握できなかったとしても、判断から意思決定につないでいくことが重視される。

類似の概念として、ＰＤＣＡサイクルというものがある。これは「計画（plan）」「実行（do）」「確認（check）」「行動（action）」からなるサイクルで、まず計画を作り、それを必要に応じて修正しながら行動していくことを主眼とするループである。ＯＯＤＡループの中心が意思決定であるとすれば、ＰＤＣＡサイクルの中心にあるのは大本の計画を適応させていくことである。

このうち、特に戦場において必要なのは不確実性を前提としながらも意思決定を行うことである。もちろん戦場においても作戦計画という形での計画は必要になるが、相手がいる以上は、自分の立てた計画通りに状況が進むことはまずない。19世紀のプロシアの参謀総長であったモルトケが残したとされる「敵と交戦した後で生き残れる計画は存在しない」であるとか、20世紀末の一時期に最強とされたボクサーのマイク・タイソンの「最初のパンチを顔面に食らうまで、誰もが計画を持っている」といった言葉がそれを端的に物語っている。そうなると、事前に作られた計画をベースにしてそれを修正していくことよりも、状況に適応しながら意思決定をしていくことが重要であると言える。

特に、「戦場の霧」の中では、確信を持って判断を行うのに十分な情報が手に入らないことは少なくない。そこで、軍事組織においては、必要な情報が何かを整理した上で、それらを収集し、「霧」を少しでも晴らそうとする。そこから、何がわかっていて、何がわかっていないかを明確化していく。

それでも、100％確実な情報が手に入るとは限らない。その場合は、不確実な情報の元で意思決定を「行う」リスクと同時に、意思決定を「行わない」リスクも考えなければならない。もちろん、不確実な情報を元に意思決定を「行う」ことで状況が悪化することもあるだろうが、意思決定を「行わない」ことが、より状況を悪化させる可能性もある。このあたりの問題については、客観的な判断基準は存在しない。問われるのは「科学」ではなく「アート」としての意思決定であり、人の生命、戦争の帰趨、国の運命などをかけた決断が行われることになる。

ここまで、ステートクラフトの手段としての軍事力の考察を行ってきた。では、軍事力が実際に使われる局面である戦争は、現代ではどのような形態をとっているのか。次の章で議論したい。

注

1　Thomas J. Biersteker, “State, Sovereignty and Territory,” in Walter Carlsnaes, Thomas Risse and Beth

Simmons, *Handbook of International Relations*, (Sage Publications, 2002), pp. 157-176.

2 Susan Strange, *The Retreat of the State: The Diffusion of Power in the World Economy*, (Cambridge University Press, 1996).

3 リアリズムに関する重要文献は、下記の書籍にまとめられている。Michael E. Brown, Sean M. Lynn-Jones, and Steven E. Miller, *The Perils of Anarchy: Contemporary Realism and International Security* (The MIT Press, 1995). 日本語でまとめられているものとしては、村田晃嗣、君塚直隆、石川卓、栗栖薫子、秋山信将『国際政治学をつかむ 第３版』（有斐閣、２０２３年）79－91頁がわかりやすい。

4 Robert O. Keohane, *After Hegemony: Cooperation and Discord in the World Political Economy*, (Princeton University Press, 1984); Helga Haftendorn, Robert O. Keohane, and Celeste A. Wallander, *Imperfect Unions: Security Institutions over Time and Space*, (Oxford University Press, 1999).

5 Brian C. Schmidt, "On the History and Historiography of International Relations," in *Handbook of International Relations*, pp. 3-24.

6 鴨武彦『国際安全保障の構想』（岩波書店、１９９０年）、G. John Ikenberry, *After Victory: Institutions, Strategic Restraint, and the Rebuilding of Order after Major Wars*, (Princeton University Press, 2001).

7 Janne Nolan, ed., *Global Engagement: Cooperation and Security in the 21st Century* (Brookings Institution, 1994); Dora Alves, *Cooperative Security in the Pacific Basin: The 1988 Pacific Symposium*, (National Defense University Press, 1990); Emanuel Adler and Michael Barnett, *Security Communities*, (Cambridge University Press, 1998); Haftendorn, Keohane, and Wallander, eds., *Imperfect Unions*.

8 Stephen D. Krasner, *Sovereignty: Organized Hypocrisy* (Princeton University Press, 1999).

9 Michael Mandelbaum, "Is Major War Obsolete?," *Survival*, Vol.40, No.4 (Winter 1998-99), pp. 20-38.

10 The President of the United States, "National Security Strategy of the United States," (December 2017), (https://trumpwhitehouse.archives.gov/wp-content/uploads/2017/12/NSS-Final-12-18-2017-0905.pdf).

11 Kenneth N. Waltz, *Man, the State, and War: a Theoretical Analysis*, with new preface, (Columbia University Press, 2001). 邦訳版も出ている。ケネス・ウォルツ（岡垣知子、渡邉昭夫訳）『人間・国家・戦争：国際政治の３つのイメージ』（勁草書房、２０１３年）。

12 Michael E. Brown, Sean M. Lynn-Jones, and Steven E. Miller, *Debating Democratic Peace*, (MIT Press, 1996).

13 カール・フォン・クラウゼヴィッツ（篠田英雄訳）『戦争論　上』（電子書籍版）（岩波書店、２０２０年）、81頁。

14 Martin Van Creveld, *The Transformation of War*, (The Free Press, 1991).

15 高橋杉雄『現代戦略論』（並木書房、２０２３年）。

16 Strange, *The Retreat of the State*.

17 Michael E. Doyle, *Liberal Peace: Selected Essays*, (Routledge, 2011).

18 Robert O. Keohane and Joseph S. Nye, *Power and Interdependence*, third edition, (Longman, 2000).

19 David A. Baldwin, *Economic Statecraft*, new edition, (Princeton University Press, 2020).

20 Barry R. Posen, *The Sources of Military Doctrine: France, Britain, and Germany between the World Wars*, (Cornell University Press, 1984), pp. 179-219.

21 Geoffrey Till, "Adopting the Aircraft Carrier: The British, American and Japanese Case Studies," Williamson R. Murray and Allan R. Millett, *Military Innovation in the Interwar Period*, (Cambridge University Press, 1996), pp.191-226.

22 Lawrence Freedman, *The Future of War: A History*, (Public Affairs, 2017).

23 Allan R. Millett, "Patterns of Military Innovation in the Interwar Period," Murray and Millett, *Military Innovation in the Interwar Period*, pp. 329-368.

24 Clayton M. Christensen and Michael E. Raynor, *The Innovator's Solution: Creating and Sustaining*

Successful Growth, kindle edition, (Harvard Business School; Publishing Corporation, 2003) location 4799-4875.

25 Ibid., location 3990-95.

26 Ibid., location 3995.

27 Stephen Peter Rosen, *Winning the Next War: Innovation and the Modern Military*, (Cornell University Press, 1991).

28 クラウゼヴィッツ『戦争論　上』、１２５－１２６頁。

29 Kenneth Allard, *Command, Control and the Common Defense*, revised edition, (National Defense University, 1996), pp. 153-160.

［第2章］

現代における「戦争」

第1章では、なぜ軍事の知識が必要で、軍事力の何が「特別」なのかを考えてみた。軍事力は、ステートクラフトの1つの手段として、国家の戦略上の目的を達成するために用いられる。ただし、実際に戦争という形で軍事力を「使う」ことは、1つの国家の歴史の中でみればよくあることではない。実際には、軍事力は「使う」よりも「つくる」時間の方が長い。そして「つくる」ことは、官僚機構や企業のような、社会の他の分野の営みとそれほど大きく変わるものではない。一方で、「使う」局面においては、軍事力は、「破壊をもたらす」という、社会の他の分野とは質的に異なる特異な効果をもたらす。

しかし、「破壊をもたらす」ことそれ自体は自己目的化せず、軍事力は何らかの政治的目的を達成するためのツールとして用いられる。それでも「破壊をもたらす」のは特異なことであり、いくつかの点で社会の他の分野とは異なるダイナミクスを持つ。特に戦時には、軍事組織は、「本来の任務」を果たすために、平時とは異なる活動パターンを取るようになる。

本章では、より具体的に、どのような形で軍事力が使われるのか、特に使われる局面での原則を中心に考えてみたい。

1．原則の整理

（1）政治的ニーズと軍事的合理性——軍事力はステートクラフトのツール

敵味方の軍が対峙し、交戦している戦場において重視されるのは、当然、「目の前にいる敵に勝つ」ことである。そこで彼我双方の指揮官が考えているのは「軍事的合理性」に基づく判断を下すこと、すなわち戦場において勝利を得るために最も合理的な行動を取ることである。ただし、軍事力は破壊それ自体が目的ではなく、あくまでもステートクラフトの手段として使用される。そのため、軍事的合理性だけではすべての行動を決められない。

最前線で敵と撃ち合っているような部隊であれば、純粋に軍事的合理性に基づいて、目の前にいる敵を倒す行動を取れば良い。しかしながら、1つの戦場に限らず、戦争全体に影響を及ぼすような作戦を指揮している上級司令部であれば、目に見える敵を倒すことだけ考えていればいいわけではない。そのレベルになると、政治指導者が定める国家の戦略目的に沿った形で作戦を展開することを意識しなければならない。もし軍事組織全体が軍事的合理性のみを優先させてしまうと、破壊そのものが自己目的化しかねない。それでは、ステートクラフトの手段として戦略上の目標を達成することに寄与しなくなってしまう。軍事作戦全体を考えるときは、軍事的合理性だけでなく、政治・戦略的ニーズと整合した形で軍事作戦を実行していかなければならないのである。

ゆえに、軍事力が具体的に使用される局面においては、政治レベルからの「枠」がかけられる。そのため、軍事的合理性のみに基づいて軍事作戦を決めることはできない。

湾岸戦争における政治の関与

では、この枠がどの程度強いものであるべきだろうか。実はこの点について、特に、軍事作戦に直接政治サイドが介入することの是非については議論が分かれている。政治が与える枠は大まかなものに留まるべきで、軍事組織は可能な限り軍事的合理性に基づく自由裁量が認められるべきという議論がある一方で、軍事作戦は政治が強固にコントロールすべきという議論もある。この問題については、実際、前者が有効だったケースもあれば後者が機能したケースもあり、一義的な「正しい答え」は存在しない。

なお、ベトナム戦争において政治が軍事に厳しい枠をはめたことが米軍の苦戦の主な要因になったと米軍人の多くが考えたこともあり、米国では、軍事作戦に対する政治の関与は最小限にすべきとの議論が強い。例えば、1991年の湾岸戦争は政治の関与が最小限だったために成功した事例であると理解されることが多い[1]。

このときは、1990年夏にイラクがクウェートに侵攻し、併合を宣言したのに対し、国連安保理決議に基づいて、イラク軍をクウェートから排除してクウェートの国土を回復するための軍事作戦が、米軍を中心とする多国籍軍によって行われた。このときに政治がはめた枠とは、目的はクウェート領の奪回であってイラクそのものの打倒ではないことであった。

政治が設定したこの枠の中で、軍事的合理性に基づく作戦が立案された。3カ月に及ぶ空爆によって航空優勢を確立したあとで地上進攻を行い、内陸部から迂回機動してイラク軍主力を包囲撃滅し、多国籍軍は完勝したのである。そこで、米軍人の中には、実行において政治サイドからの介入がなかったこの形の軍事作戦の遂行方法がある種の理想像であると捉える見方がある。

ただし、湾岸戦争も、政治的ニーズと切り離されて軍事的合理性のみによって作戦計画が立てられたわけではないし、作戦計画の立案過程においては政治サイドからの介入も行われている。[2] なにより、政治サイドはイラクそのものへの進攻は行わないという形での枠をはめている。例えば、イラクの首都バグダッドへの進攻は、仮に軍事的にいかに効果が高いと軍側が考えたとしても、政治サイドがその作戦は認めないことは明らかであった。

さらに、湾岸戦争の最中には、軍事作戦の前提そのものを崩しかねないイベントが発生していた。イラクによるイスラエルへの弾道ミサイル攻撃である。この戦争における戦略上の重要な要素として、多国籍軍にはアラブ諸国も参加しており、「侵略者であるイラク」に対して国際社会が一丸となって対処するという図式が形成されており、それを維持する必要があった。

この図式を崩壊させる可能性があった要素が、アラブ諸国と対立するイスラエルの参戦である。事実、イラクは、イスラエルのイラクへの反撃を促す意図を持ち、イスラエルに対して弾道ミサイルによる攻撃を行った。もしイスラエルが反撃を行えば、アラブ諸国が多国籍軍から離脱することが確実であった。つまり、軍事作戦の前提そのものが揺らいでしまう。

そのため、米国はパトリオット地対空ミサイルをイスラエルに供与するとともに、イスラエルに反撃しないよう説得した。これは、軍事作戦の枠を維持するために展開された外交であった。外交という政治的行動ではあったが、軍事的な意味が極めて大きかったのである。

このように、軍事的合理性が優先されたケースと考えられている湾岸戦争においても、政治的ニーズと軍事的合理性は相互作用していた。

ロシア・ウクライナ戦争における政治の関与

現在進行中のロシア・ウクライナ戦争において、プーチン大統領が軍事作戦の詳細に介入する、いわゆるマイクロマネジメントを行ったとして批判されている。しかし、マイクロマネジメント自体は歴史的に見て珍しい事例ではない。むしろ第2次世界大戦のチャーチルや南北戦争のリンカーンなども、かなり細かい指示を軍事サイドに向けて出している。[3] 軍事力がステートクラフトの1つの手段であり、国家の戦略上の目的を達成するために行使されることを考えれば、戦争を軍人に丸投げするのではなく、政治的ニーズが確実に軍事作戦に反映されるか、政治指導者が絶えず確認し、ずれが生じていた場合に修正するための指示を出すのは、不自然どころかむしろ政治指導者の責務でもある。

なお、ロシア・ウクライナ戦争においては、ウクライナ軍においても政治的ニーズと軍事的合理性の対立は発生している。2022年5、6月に展開されたセベロドネツク攻防戦である。[4] この時期、ウクライナは東部ドンバス地方に、三角形を横倒しにしたような突出部を維持しており、セベロドネツクはその頂点に当たる位置にあった。ロシア軍はその三角形の下の辺に位置するポパスナで突破口を開いた。この段階で、セベロドネツク周辺のウクライナ軍の機甲部隊が包囲撃滅される可能性が生まれることになった。

このセベロドネツクは、ドンバス地方ルハンシク州の仮の州都であり、またウクライナが保持する最後の都市であったから、ウクライナにとっては政治的には維持することが強く望まれる街であった。しかしながら、当時ウクライナがドンバス地方において維持していた、セベロドネツクを頂点とする横倒しにした三角形の地域のうち、南北の2辺からロシア軍が突破すればウクライナの精鋭部隊がまとめて包囲撃破される可能性が高かった。そのため、軍事的合理性からすればセベロドネツクを早い段階に放棄して部隊を後退させることが望ましかった。この両者のせめぎ合いの中で、最終的にウクライナはセベロドネツクを放棄して部隊を撤収させることを選択した。これは、政治的ニーズを優先させたことで軍事的に大きな打撃を受ける瀬戸際でもあった。

(2)「傷つける力 (power to hurt)」と「征服する力 (power to conquer)」
——軍事力行使のターゲット

軍事力が実際に使用されるときには、何らかの形で物理的な破壊をもたらす。破壊の目的は2つに分けられる。相手に打撃を与えることそれ自体を目的に「傷つける力 (power to hurt)」として使う場合と、一定の地域を占領することを目的に「征服する力（power to conquer)」として使う場合である。「傷つける力」は、文字通り、相手国の軍隊、社会、国民に打撃を与える力であり、「征服する力」は、自国領土を確保したり相手国の領土を占領する力である。この分類は、軍事力がどのような目的をもって使用されているかを考えるときの手がかりとなる。

これは、核戦略の父とも言われる、ゲーム理論を駆使して核抑止論を体系化したトマス・シェリング（2005年ノーベル経済学賞受賞）の分類である。彼は、核兵器の戦略的意義を検討する中でこの区分を考案した。核兵器は絶大な効果を持つ反面、使っただけでは相手国の占領はできない。核兵器を使って相手陸上戦力を撃破した上で、味方の陸上戦力が進出して初めて占領が可能となる。

核兵器の及ぼす戦略的な効果を考える上では、自国領土の確保と相手国領土の占領、すなわち土地を確保するための「征服する力」とは異なる形で作用する軍事力がある、とする必要があった。そこでシェリングが考案したのが「傷つける力」という概念であった。

例えば航空戦力が行う戦略爆撃は、「傷つける力」となる。戦略爆撃とは、爆撃によって相手国の経済や社会に打撃を与え、戦争遂行能力を低下させようとするものだからである。これらは、特定の土地を占領することではなく、相手国が戦争を続けられなくなるようにするか、あるいは戦争を続けるコストを増大させて、抗戦よりも屈服を選ばせるために使われる。

一方で陸上戦力は、基本的には「征服する力」として使用されることになる。より正確に言えば、土地を占領するには陸上戦力が不可欠である以上、「征服する力」として使用されるのは基本的には陸上戦力のみであり、戦略上の目的が、ある土地を確保することだとした場合、「征服する力」である陸上戦力が中心となって戦いが行われる。この場合、海上戦力や航空戦力は「征服する力」を支援するか、「傷つける力」として使用される。

このように、物理的な破壊をもたらす点では同じだとしても、相手の国力自体を破壊しようとするか、戦場で特定の土地を確保することを目標とするかで、使われる具体的な能力が変わってくる。この意味で、「傷つける力」と「征服する力」の区別は重要である。

ロシアの戦争目的は?

なお、この点から言うと、ロシア・ウクライナ戦争はやや特異な展開をたどっている。ウクライナは、ロシア本土に対する攻撃を控える一方で、自国領土の防衛とロシアに占領された土地の奪回を目指しているという意味で、自らの軍事力を「征服する力」として用いている。一方で、ロシアの戦略構想は、陸上通常戦力を含め、あらゆる軍事力を「傷つける力」

として用いているように思われる。２０２２年秋から行われた電力インフラへの攻撃はその典型であろう。

もちろん、ロシアはドンバス地方の占領を目的の1つとしているから、その限りにおいては「征服する力」として軍事力を使用しているようにも見える。しかし、戦争全体を見渡してロシアの戦争目的を考えてみると、単にドンバス地方を占領することではなく、米欧とのパワーゲームに対抗していくために、ウクライナをある種の属国として、ロシアの勢力圏に編入していくことを目指しているように評価できる。[5]

だとすれば、ドンバス地方の占領は、あくまで目的に至るまでの段階の一部であって、それ自体は目的ではない。目的はウクライナの社会・経済・市民生活を破壊することで、ウクライナの屈服を促し、ロシアの勢力圏に編入していくことであろう。その手段として国土の占領が必要であるとの位置づけの下に軍事作戦を展開していると考えられる。

このように、軍事力をどのように使用して目的を達成しようとしているかを考える1つの判断基準として、軍事力が「傷つける力」として使用されているのか、「征服する力」として使用されているのかを見極めていくことが重要になるのである。

（3）探知―攻撃のサイクル――敵は見つけなければ攻撃できない

陸上作戦であれ海上作戦であれ航空作戦であれ、軍事作戦の基本は敵（目標）を発見することである。敵を発見できなければ、どんな強力な兵器も役には立たない。これは歴史を遡っても変わらない。

１５６０年に織田信長と今川義元との間で戦われた有名な桶狭間の合戦でも、織田信長は今川義元の本陣の位置を発見できたからこそ勝利することができた。あるいは１９４２年に日本とアメリカで行われたガダルカナル島を巡る攻防では、アメリカ側がレーダー技術の優位を生かして時として日本側を一方的に発見し、優位に戦闘を進めることができた。１９９１年の湾岸戦争以降、アメリカはステルス機を有効に使用して効果的な空爆を行っているが、それはステルス機が相手にとって発見しにくいという特性を十分に活用して攻撃を行ったからである。

戦場においては、敵を発見した上で、その目標に対する攻撃が行われる。攻撃ののち、また改めて敵の状況を調査し、目標が破壊されていれば良いが、攻撃が十分でなかったり、再び目標を発見すれば、さらに攻撃を行う。軍事作戦においてはこのサイクルが繰り返される。

これは「キルチェーン」と呼ばれるが、本書では「探知－攻撃サイクル」と呼ぶこととしたい。

なお、ここで言う「攻撃」は、戦況において全般的に攻勢的な作戦行動を取っているか、防勢的な作戦行動を取っているかにかかわらず必要になる。陸上戦闘であれ海上戦闘であれ航空戦闘であれ、戦場では一方の側が制圧しているエリアともう一方の側が制圧しているエリア、そしていずれの側も制圧していない中間的なエリアとがある。詳細は後述するが、これは陸上においては明確である一方、海上や空中では曖昧になる。ただそれでも、どちらかが制圧しているエリアと、いずれもが制圧しておらず競い合っているエリアとをある程度は区別することはできる。

「戦場の霧」を晴らす

ここで言う攻勢的な作戦行動とは、自分が制圧しているエリアを拡大しようとする作戦、防勢的な作戦行動とは、自分の制圧しているエリアを拡大するのではなく、維持しようとする作戦を指す。一般的に見て前者が攻撃的、後者が防御的な作戦ということになるが、後者であっても、探知－攻撃のサイクルは必要となる。防御的な作戦を実行しているときでも、ただ相手の攻撃を装甲などで食い止めるだけでなく、相手の兵器を迎撃して破壊しなければならないからである。

例えば、空爆に来る相手の爆撃機を阻止するためには、対空レーダーなどでその爆撃機を探知し、地対空ミサイルで攻撃しなければならない。地上部隊の進撃を阻止するためには、相手の戦車や歩兵の位置を把握し、銃か砲かミサイルかを問わず、味方の火力で撃破しなければならない。全体的には防御的な作戦を行っていても、目の前の局面では相手の兵器を攻撃して撃破しなければならないのである。

ただし、敵を探知するのはそれほど簡単なことではない。第1章で述べた「戦場の霧」にも、敵を発見することの難しさが含意されている。ただし、情報革命の進展によって、「戦場の霧」が劇的に低減され、以前より容易に敵を発見できるとの考えが広がった時期がある。それが、冷戦後の1990年代に展開された情報RMA（Revolution in Military Affairs／軍事における革命）を巡る議論である。

有人の偵察機のみならず、無人機や人工衛星など、敵を探知できる能力を持つ機材を「センサー」と呼ぶ。1990年代には、様々なセンサーをネットワークで接続することで、それまではできなかった広さの戦場の情報を、それまではできなかった密度で収集することが可能になってきた。ネットワークの能力が低かった時代には、センサーの情報は音声でしか報告できず、それをアナログ的に処理するしかなかったが、センサーが探知した情報を直接データとして送信できるようになれば、戦場全体の情景をデジタル的に再構築することが可能になると見込まれた。そうなれば、情報の量も多くなり、高密度かつリアルタイムに状況を把握できるようになると考えられたのである。

戦場の状況がリアルタイムで把握され、必要な部隊で共有できるとすれば、そこで探知された目標に対して精密誘導兵器を迅速に発射することで、撃破できる。航空機や艦艇など、ミサイルや爆弾を発射したりできる機材のことを「シューター」と呼ぶが、センサーからの情報をリアルタイムでネットワークを通じてシューターと共有することで、敵を発見でき次第、迅速かつ精密に撃破できるようになると考えられたのである。

この議論の先陣を切ったのが米軍で、1996年には統合参謀本部から「ジョイントビジョン2010」を発表して将来戦の構想を示した。[6] 統合参謀本部副議長としてそうした動きの中心にあったウィリアム・オーウェンスは、退役後に『「戦場の霧」を除去する(Lifting the Fog of War)』という著書を出版した。[7] この著書のタイトルが象徴的に表しているように、情報革命の進展により、クラウゼヴィッツが19世紀に指摘した「戦場の霧」が取り払われ、戦争の形態が根本的に変革するという考え方が広がった。

ネットワーク中心の戦い

それに対して英国のローレンス・フリードマンは、戦略を無視した技術先行の議論は無意味であるとして強く批判した。[8] 彼は、米国に挑戦しようとする国が通常戦力で対抗してくる可能性は極めて低く、テロや大量破壊兵器のような非対称な紛争に備える必要があることを強調した。そして現実は、フリードマンの指摘したとおりに展開したのである。

イラク戦争、アフガニスタン戦争においては、米国は情報技術やハイテク兵器の威力で相手の首都を瞬く間に制圧したが、それでは戦争は終わらなかった。反米勢力がまさにテロ的な非対称な手段で米国に対抗し、米国は圧倒的に技術力で勝るにもかかわらず制圧することができなかった。詳細は後述するが、反米勢力は社会の中に潜伏することで、技術的な手段による探知を免れ、米軍と戦い続けたのである。

こうした紆余曲折を経たこともあり、現在では情報ＲＭＡという言葉は使われなくなってきている。しかし、センサーをネットワークで接続して、リアルタイムに高密度の情報を共有し、シューターから精密攻撃を行うという方向性のもとでの戦い方の近代化はいまでも継続的に進められている。それを端的に表しているのが「ネットワーク中心の戦い（network centric warfare)」という概念である。

「ネットワーク中心」とわざわざ言うことには大きな意味があり、「ネットワーク中心」ではない戦い方を「プラットフォーム中心の戦い」として対置的に考える。プラットフォームとは、センサーやシューターなどの兵器それぞれを指す言葉である。そして、個々の兵器がネットワークで結びつけられていなかった時代は、センサーやシューターそのものの性能によって軍事能力が決まっていた。航空戦闘であれば、戦闘機の性能が高ければそれだけで優位に立つことができていた。これが「プラットフォーム中心の戦い」である。

しかし、ネットワークでそれらが結び付けられる時代になると、センサーやシューターそのものよりも、ネットワークの性能が重要になっていく。先の戦闘機の例でいえば、戦闘機本体のレーダーではなく、他の戦闘機や空中を飛ぶ巨大なレーダーであるＡＷＡＣＳ（airborne warning and control system／早期警戒管制機）といったセンサーのレーダーから得た情報に基づき、相手の戦闘機から発見される前に、長射程の空対空ミサイルを発射することができるならば、敵戦闘機を一方的に撃破することができる。こういった戦い方では、戦闘機本体の性能は大きな意味を持たなくなる。

このように、現在では、単に敵を発見するだけではなく、発見した敵の詳細な情報を可能な限り早く、できればリアルタイムでシューターに伝達し、精密攻撃を行って撃破する形が基本的な戦い方になると考えられるようになっている。これが「ネットワーク中心の戦い」である。

また、プラットフォームをネットワークで結ぶことが重要になると、伝統的な陸・海・空を超えた戦闘空間を作り出すことになる。ネットワークを通じたデータ共有はサイバー空間において行われるし、ネットワークは時に通信衛星、すなわち宇宙空間を通じて展開するからである。そのため、「ネットワーク中心の戦い」への移行に伴い、サイバー空間と宇宙空間の軍事利用が重要な意味を持つようになってくる。

宇宙空間やサイバー空間で相手のネットワークを妨害できれば、相手側の戦闘能力を大きく低下させることができるし、自らの戦闘能力を維持するためには、相手側の宇宙空間やサイバー空間における攻撃を阻止し、安定的にネットワークを利用できなければならない。宇宙空間やサイバー空間は、「新たな戦闘領域」と呼ばれることがあるが、これらが重要になってきた背景には、ネットワークが戦闘能力を支えるようになるという、戦い方の変化があったのである。

(4) 指揮統制——命令の下に軍隊は動く

「烏合の衆」という言葉がある。これは、統制が取れずにバラバラに行動する集団という意味である。こうした状態は軍事組織としては絶対に避けなければならない。破壊をもたらす能力のある組織が、バラバラに行動するようなことがあればどんな災厄につながるかわからないし、また、相手に対して決定的な劣勢に立たされるからである。

そもそも軍事組織とは、階層的な組織である。陸上戦力であれば、最前線の兵士は階層化されている組織の末端にある分隊に配属されるが、それは小隊→中隊→大隊→連隊→師団（詳細は国によって異なる）というかたちで上位組織に組み込まれていく。下に行けば行くほど前線に近くなり、上に行けば行くほどより広い範囲をカバーすることになる。

このうち、上の組織の指揮官が下の組織に対して取るべき行動を命令するプロセスを指揮統制という。「指揮統制」と一語で表されることが多いが、細かく言うと指揮と統制とは意味が異なる。指揮は、組織編成として制度的に上下関係にある場合に下される命令（例えば、第1師団の師団長が第1師団所属の連隊長に命令を下すような関係）であり、統制とは、組織編成として制度的な上下関係にはないが、戦場などでの行動で臨時に上下関係に組み入れられて、指示が下される状態を指す。例えば航空戦闘において、戦闘機のパイロットがAWACSの管制官の指示に基づいて行動することがあるが、このときパイロットは管制官の部下になるわけではない。こういった、「部下ではないが指示を聞いて行動する」状態のことを統制という。

リソースの配分に優先順位をつける

このように階層的に指揮統制が行われることにはいくつかの理由がある。その大きな理由は、どのような軍事組織であってもリソースが有限だからである。ここで言うリソースとは、兵力、弾薬、燃料など、軍事作戦を支える要素すべてを指す。目の前で敵と撃ち合っている最前線の部隊であれば、より多くの兵力、より多くの弾薬を求めるであろう。しかし、すべての部隊のニーズに応じることは難しい。

米軍のような超大国の軍であっても、やはり補給可能な物資は有限である。そのため、作戦全体を見ながら、上級司令部が、時間的および空間的な優先順位を付けてリソースを割り振っていかなければならない。前項では探知－攻撃のサイクルについて言及したが、探知された目標すべてに対して反射的に攻撃を行っていては、弾薬はいくらあっても足りなくなる。

そこで必要になるのが階層化された組織における指揮統制であり、上部にある意思決定の階層が判断して、特に重要な局面にリソースを集中的に投入することで全体の戦局を優位に展開させることを図るのである。情報革命に伴い、組織が「フラット化」するという議論もあったが、軍事においてそれは必ずしも当てはまらない。

一方がリソース面で圧倒的に優位にあり、事実上無限にリソースを消費できるならばそれも当てはまる可能性があるが、実際の戦場には相手がいて、戦場の優劣は相手との相対的なバランスで決まってくる。より決定的な局面で優位に立つためには、リソースの配分に誰かが優先順位を付ける必要があり、そのためには組織の階層性を維持する必要があるのである。

また、どれほど優秀な人間であっても、同時に処理できる情報の量には上限がある。これは情報革命が進展し、リアルタイムで把握可能な情報の量が増えても変わらない。例えば、1個師団が2万人で編成されているとして、師団長1人が2万人の行動すべてをコントロールするのは不可能である。そのため、師団であればそれを3個程度の連隊にわけ、師団長はその3つの連隊を指揮し、連隊の指揮官である連隊長は連隊を構成するいくつかの大隊を指揮するといった形で階層的に組織を設計していく必要がある。この点は、企業組織の階層性とも似たような部分がある。

現在進行中のロシア・ウクライナ戦争の初期には、ロシア軍に全体を統括する総司令官がいなかったと指摘されている。これはあれだけの複雑な戦争を指揮統制する上では好ましくない。ロシアは開戦初頭にキーウ侵攻、ドンバス侵攻、南部侵攻を同時に行ったが、全体を統括する総司令官がいなかったということは、これら複数の正面に優先順位を付けて、より重要な戦線にリソースを集中投入できていなかったことを意味するからである。

一方、ウクライナ軍は、2014年以降に軍制改革を進め、指揮系統の単一化を進めていた。特に2014年のクリミア併合以降に展開したドンバス地方での戦闘に対応して編成された民兵部隊や地域防衛部隊を内務省に組み込んだ上で、それらをウクライナ軍参謀本部の指揮下に置くことにした。[9] そうすることで、ウクライナ軍は単一の指揮系統で、全体を見渡して優先順位を決めながら、戦争を戦うことができているのである。

C3IからC4ISRの時代へ

以前、軍事用語で、「指揮（command）」「統制（control）」に加え、敵味方の状況を把握するための「情報（intelligence）」と、命令や指示を伝えたり情報を共有するための「通信（communication）」の頭文字を取った「C3I」という語があった。これは軍事組織が有効な活動を行うために必要な機能をまとめたものだが、ここに含まれるくらい、指揮統制は軍事組織において中核的に重要である。

なお、現代ではC3Iに代わり、それに「コンピュータ（computer）」、情報に似ているがやや意味合いの異なる「監視（surveillance）」「偵察（reconnaissance）」を加えて「C4ISR」と呼ぶことが多い。いずれにしてもこれは、先述した探知―攻撃のサイクルを効果的に機能させるために不可欠な要素でもある。

まず目標を探知することができなければ攻撃は行えない。どこに向けて兵器を使用すればいいかわからないからである。その意味で重要なのが情報・監視・偵察（ISR）である。

さらに、リソースは限られているから、探知されたものすべてを攻撃するわけではない。全体の戦況や行動方針を見ながら、攻撃すべき目標に優先順位を付けた上で、所属部隊に命令や指示を下さなければならない。そこで必要なのが指揮統制である。そして、通信が機能しなければ、目標の情報も共有できないし、作戦を遂行するための命令や指示を部隊に伝えることもできない。そして軍事に限らず、現代の組織において、コンピュータなしの活動は考えられない。これらの機能をまとめて一言で表すものがC4ISRということになる。

なお、指揮統制は陸軍、海軍、空軍といった軍種の中でだけ行われることもあれば、複数の軍種にまたがって行われることもある。この、複数の軍種にまたがって行われる作戦のことを統合作戦という。英語では「joint」という語が当てられる。また、複数の国の軍事組織がまとまって行動することを連合作戦といい、英語では「combined」の語が当てられる。連合作戦でも、NATOや米韓同盟のように、1つの司令部の下で単一の指揮系統に基づいて複数の国の軍事組織が行動する形もあれば、日米同盟のように、それぞれの国の司令部が指揮権を維持しながら、相互の作戦を調整する形もある。

(5) 補給――腹が減っては戦はできぬ

近代軍隊は、戦わなくても膨大な物資を消費する。飛行機も船も戦車も動かすには燃料が必要だし、どんな機械であっても動かし続ければ故障はするから、整備や修理のために部品も供給し続けなければならない。もちろん銃弾や砲弾がなければ戦うことはできない。兵員には食料や水が不可欠である。さらに、必要な物資の量は、戦闘になれば激増する。こういった物資を、必要な部隊に届けていくのが補給である。より軍事専門的な用語では兵站とも言うが、基本的に同じものである。

そして、補給物資を届けるルートを補給線という。補給物資は大量に必要となるから、補給線は原則として道路や鉄道に沿って設定され、海を渡る作戦であれば、物資は船舶によって輸送される。限られた状況では輸送機を使って空輸されることもあるが、航空機の大量輸送能力は船舶や鉄道・自動車に比べれば劣るし、また飛行場を必要とするので、使用される状況は限られる。

補給線が機能しなくなれば、砲弾や燃料、食料が届かなくなるため、どれほど大兵力が展開していようと、どれほど強力な兵器が配備されていようと、いかなる軍事作戦も実行不可能である。逆に言えば、前線部隊を撃破できなくても、補給線を遮断できれば、相手に対して決定的な優位をつかむことができる。

こうしたことから、古今東西、大規模な戦闘は交通の要衝を巡って発生してきた。交通の要衝とは補給線を設定する際の要となる場所でもあるから、攻撃側は、そういった地点を制圧することで、その先に部隊を展開できる。逆に防御側は、そこを維持できれば、そこから先への敵の進撃を阻止できるのである。

ロシア・ウクライナ戦争では2022年5月から2023年の春を過ぎて展開されたバフムト攻防戦がこうした戦いである。この戦争においてロシアが重視した軍事作戦の1つは、ドネツク・ルハンシク州からなるドンバス地方の制圧を目的とするものであった。ルハンシク州は前述したセベロドネツクの攻略によってロシアがほぼ完全に制圧したが、ドネツク州の北部の制圧は困難で、2023年6月末現在、ウクライナがまだかなりの部分を維持している。

バフムトという街は、ドネツク州北部にあり、高速道路も通る交通の要衝で、ロシアがドネツク州北部に向けて部隊を前進させるためどうしても通過しなければならない場所の1つであった。言ってみればロシアにとっては「ドネツク州北部への入口」であり、その制圧・確保のためにロシア軍は大規模な兵力を投入し、ウクライナはその「入口」を与えないために頑強に抵抗したのである。

歴史上、こうした補給を巡る戦いは、海上でも起こってきた。1942年のガダルカナル島を巡る有名な攻防戦が例となる。ガダルカナル島においては日本陸軍と米海兵隊とが交戦していたが、その命運を分けたのは、両軍の補給線となる海上交通線を巡る攻防であった。

ガダルカナル島自体は、日本国内で言えば、石垣島の約24倍、沖縄本島の約4・5倍、愛知県や千葉県とほぼ同程度の面積のそれなりの大きさのある島であるが、離島であるために、戦闘に必要な物資は海上輸送に頼らざるを得なかった。両軍とも、海上輸送を行いつつ、相手の海上輸送を阻止しようとする。そのため、ガダルカナル島周辺では、いくつもの空母同士の戦いや夜間の水上艦艇同士の戦闘が展開した。激戦により、あまりに多数の艦艇が沈んだために、ガダルカナル島周辺の海域が「鉄底海峡」とも通称されるほどであった。

砂漠に放置された大量のコンテナ

しかし、補給線を確保するだけでは十分ではない。補給は、必要なものが必要なところに届かなければ意味がない。ところが、兵員の食料、戦車砲弾、あるいは航空機の整備部品など、補給物資は非常に多岐にわたる。膨大な種類と量がある補給物資の詳細を把握し、適切な届け先に分類し、必要なタイミングで配布しなければ、補給は機能しない。例えば、ジェット戦闘機の燃料が歩兵部隊に届いても使い道はないし、1万人の部隊の食料が数百人の乗員しかいない艦艇に届いても持て余すだけである。

この点で非常に苦労したのが1991年の湾岸戦争の米軍であった。1990年7月末のイラクのクウェート侵攻に際し、そのままイラクがサウジアラビアに侵攻するのを防ぐために、米軍はまず「砂漠の盾」作戦として、大規模な地上部隊をサウジアラビアに展開させた。そしてクウェート進攻作戦のための兵力と補給物資の集積を行ったが、重要な問題は、その膨大な物資を的確に管理することであった。

実際には当時の米軍は、補給のためのコンテナを送り込んでも、内容物を現地で迅速に把握することができなかった。そのため、かなりの物資が無駄になり、数多くのコンテナが砂漠に放置された。それは「鉄の山（アイアン・マウンテン）」と呼ばれるほどの量だったのである。

その教訓から、米軍は補給物資の管理の改善に取り組む。RFタグをコンテナに取り付け、コンテナの内容物をデジタル的にデータベース化したのである。このように補給システムを近代化していった結果、補給物資を詳細かつリアルタイムで把握できるようになり、米軍の補給事情は劇的に改善した。

(6) 軍事バランスとは——「質」と「量」

「軍事バランス」という言葉がある。これは端的に言えば、AとBの2つの国の軍事力を比べたときに、どちらが優位でどちらが劣位かを推し量る概念である。最も単純な方法は、

「量」の比較である。例えばAの方が陸軍兵力10万人で、Bの方が5万人であれば、Aの方が2倍優位にあると考えることができる。これは戦闘機や艦艇の数を比べたときも同じである。

しかし実際にはそれほど単純ではない。なぜならば、「質」が同じとは限らないからである。ここで言う質とは、砲の射程距離（相手の戦車よりも射程距離が長ければ、相手が味方を撃破できない距離で一方的に撃破できる）や命中率（命中率が高ければそれだけ多くの砲を保有しているのと同じことになる）、装甲の防御力、相手の探知能力などを指す。これらが優位であればあるほど、同数であれば敵に対して優位に立てる。

例えばAが戦車を100両、Bが戦車を50両保有していたとする。数だけ比較すればAの方が優位だが、Aの戦車は装甲も砲も弱く、Bの戦車1両を撃破するために3両の戦車が必要だったとする。その場合、Bの戦車1両は質的にはAの戦車3両分に相当するため、100対50の比率だとすれば、実際にはBが優位にあると言える。

とはいえ、質ですべてを補うことはできない。この場合で言えば、Aが戦車を200両持っていれば、Bの戦車1両がAの戦車3両分に相当する質的優位を持っていたとしても、最終的には量で押し切ることができる。Bの戦車1両を撃破する際にAの戦車3両が撃破されたとしても、Bの戦車が全滅したあとでAの戦車が50両残る。そうなると、最後に戦場を支配するのはAということになるからである。このように、「質では補えない量」もある。逆に「量では補えない質」というものもある。

様々な兵器、様々な戦略的条件

実際の戦場では様々な兵器が使われる。例えば陸戦の戦車で言えば、相手の戦車だけではなく、対戦車ミサイルや対戦車ヘリコプター、あるいは航空機からの爆撃によっても戦車は撃破される可能性がある。先のAが100両、Bが50両保有している例で、仮に戦車の質が互角だったとしても、Bが航空戦力で圧倒的に優位にあるとすれば、Aの2倍の優位は空爆によって簡単に覆されてしまう。そういった意味で、軍事バランスの評価とは、非常に複雑な作業となる。

ここでは単純化のために戦車の数だけで比較したが、後述するように陸戦は戦車だけでなく、歩兵や砲兵の戦力、さらにはそれらを組み合わせた諸兵科連合戦術の練度なども考慮しなければならない。例えば航空戦力を含めて比較する場合、航空機の数だけでなく、使用可能な飛行場の数も重要な要素になる。どんなに優れた戦闘機であっても、飛行場がなければ展開できないからである。

また、戦争のとき、交戦国は、お互いの持っている軍事力をすべて1つの戦場に展開させて戦うわけではない。そのため、軍事力全体を単純に比較するだけでは、実際の戦争における優劣を評価することにはならない。戦略的条件をどう設定するかによって、実際の軍事バランスは変わってくるのである。

例えば、米国は、世界のどこにでも大規模な軍事力を展開させる能力がある。一方、米国と対立している中国は、中国本土周辺であれば大規模な軍事力を展開させられるが、中東のような、自国からの遠隔地には限定的な戦力しか派遣できない。そのため、何らかの戦略的な理由で、中東で米中が軍事的に衝突するようなシナリオを想定するならば、米国の方が圧倒的に優位になる。しかしながら、全世界に軍事力を展開させている米国はその全戦力を中国周辺に集中させることは不可能だから、中国本土周辺での軍事衝突であれば、中国の方が優位に立ちうるのである。

2. 現代の「戦争」のイメージ

(1) グローバルな大戦争は起こりえるか?

前節では、軍事力を実際に使う局面での原則をいくつか整理してみた。軍事力が実際に物理的に行使される状況とは、すなわち戦争である。本書は、現代の軍事を分析する上で必要な知識を紹介していくのが目的だが、その具体的な議論に入る前に、現代の国際社会ではそもそも戦争がどのような形態を取っているのかを考察しておきたい。

現代における戦争を考える上で、1つの基準点となるのが、冷戦期において想定されていた戦争である。米ソが激しく対立したこの時期、主要な戦場になると考えられていたのがヨーロッパであった。東西に分断されていたドイツを主要な戦線として、米国を中心とするNATO軍と、ソ連を中心とするワルシャワ条約機構軍との全面軍事衝突が懸念されていたのである。NATO軍は通常戦力において量的劣勢にあり、その劣勢を補うために戦術核を戦場で早期に使用することが想定されていた。

米ソ双方とも、戦場で使うための戦術核に限らず、お互いの本土を攻撃するための戦略核も膨大な数を保有していたから、戦術核の使用は最終的に戦略核の使用にエスカレートし、米ソ双方による相手の本土への大規模な核攻撃が予測されており、その結果人類の存続それ自体が危うくなることが懸念されていた。

冷戦期の大きな特徴は、ヨーロッパに限らず、米ソが関与するあらゆる紛争で核兵器が使われるリスクが内包されていたことである。地域紛争がひとたび米ソ対決の文脈に関連づけられてしまうと、そこに米ソが介入する可能性が生じる。そして米ソの直接介入は、人類を絶滅させうる全面核戦争へのエスカレーションの可能性を内包することと同義だったのである。その意味で、冷戦期においては、あらゆる地域的な紛争要因がグローバルな全面核戦争のリスクとリンクしており、人類滅亡の引き金を引く可能性があったのである。

しかしながら、冷戦の終結は、こうした戦略上の図式を大きく変化させた。米ソの全面核戦争の脅威が事実上消滅したことで、地域的な紛争要因と全面核戦争の潜在的なリンクが切断された。事実、1991年の湾岸戦争や1993－94年の第1次朝鮮半島核危機においても、それが人類の生存を脅かすようなグローバルな全面核戦争へとエスカレーションする可能性は存在しなかった。逆に言えば、米ソの相互核抑止の「影」が地域的な紛争要因を抑え込むことがなくなった。その意味で、冷戦終結後の紛争はグローバルな対立構造から切り離され、純然たる地域的なダイナミクスに基づいて発生するようになってきている。

米国と中国、ロシアの関係

ただし、この点についてはもう少し考察が必要であろう。米国と中国、ロシアの関係悪化により、「大国間の競争」が復活したと考えられているからである。これは冷戦期のように、様々な地域的な紛争要因をグローバルな大国間の対立にリンクさせることはないであろうか。

この点でポイントになるのは、中国やロシアがどれくらいグローバルな安全保障に関与するか、である。冷戦期のソ連は、植民地独立の民族解放闘争を支援するという形で、ベトナム戦争をはじめとするいくつもの紛争にかかわっていた。その範囲はソ連周辺に留まらず、ヨーロッパどころかグローバルに広がっていた。そのため、同じようにグローバルな規模で共産主義を封じ込めようとする米国と世界中で対立し、その結果、それぞれの地域の紛争要因が米ソの全面核戦争とリンクする潜在的な危険性を持っていた。

一方、現在の中国は、核戦力および通常戦力の近代化を急激に進めているが、その戦略的な関心は台湾を中心とする東アジアに集中しており、それ以外の地域への安全保障上の関与は限定的である。一帯一路や太平洋島嶼部など、東アジア域外に影響力を広げようとしているが、軍事的なプレゼンスはきわめて小さい。ここから、台湾海峡有事が万一起こったとすれば、米中の核戦争へとエスカレートする危険はあるが、アジア以外の地域の紛争においてはそういったリスクはほとんどないと言える。

そもそも2023年現在の中国の戦略核戦力の規模は400発程度とみられ、仮に米中の全面核戦争になったとしても冷戦期のソ連ほど大規模な核攻撃を行うことはできない。ただこの点については、2035年には1500発の弾頭を保有するようになるという見方もあり、将来的には、少なくともロシアと同規模の核攻撃を行う力を持つ可能性はある。

ロシアは、引き続き大規模な核戦力を保有しており、比喩的に言えば、人類を滅亡させる可能性のある核戦争が米国との間で発生するリスクは引き続き存在している。特に、2022年のロシアのウクライナ侵攻以降、ロシアがしばしば核恫喝を行っていることから、核戦争のリスクが極めて深刻に懸念されている状況でもある。ただし、それ以外の地域で、ロシアが核戦争のリスクを冒して米国と対立する判断を行うとは考えにくい。

以上から、台湾やウクライナといった、中露それぞれが戦略上極めて重視している地域を除けば、米国との全面核戦争へとエスカレートする可能性のある地域的な紛争要因は事実上存在しないと考えていいだろう。この例外を除けば、現在の戦争は、純然たる地域レベルのダイナミクスに基づいて展開すると考えられる。ここでは、その前提の上で、現代の戦争を4つのタイプに分類しておきたい。

(2) 正規軍対正規軍の戦争

最初に取り上げるのが、域外大国の軍事介入の形を取る戦争である。例えば1991年の湾岸戦争、2003年のイラク戦争、2015年のロシアのシリア介入などを挙げることができる。

こうした、域外大国の軍事介入という形を取る戦争の特徴は、介入する国がグローバルに兵力を展開させる能力を持っており、またそれを支える補給システムも持っているということである。逆に言えば、そうした能力を持たない国は、他の地域の紛争に介入することができない。例えば米国にとって中東は地球の裏側に等しい場所にあるが、そこに戦車のような重装備や大量の武器弾薬を送り込むためには、大規模な海上・航空輸送能力が不可欠になる。また、自国領土から遠く離れたところでの作戦でも、有効な指揮統制が行えるC4ISRシステムが整備されていなければならない。

こうした作戦のことを米国では、「遠征作戦(expeditionary operation)」と呼ぶ。そもそも米国は米本土での軍事作戦はほとんど想定されないから、事実上すべての作戦が遠征作戦となる。そのため、それぞれの地域の指揮統制のために地域レベルの統合司令部を設置している。

例えば日本の位置するインド太平洋地域であれば、ホノルルに司令部があるインド太平洋軍、中東であればフロリダ州タンパに司令部のある中央軍、ヨーロッパであればドイツのシュトゥットガルトに司令部のある欧州軍である。そして、それらの地域レベルの統合軍を支援する機能別統合軍もある。遠征作戦の観点で重要なのは、部隊や補給物資の輸送に特化した輸送軍である。このように、米国は遠征作戦のために様々な準備を行っている。

現在、この種の遠征作戦として想定されるシナリオの代表例が、台湾海峡有事である。もし中国が台湾に侵攻した場合には、米国が軍事介入を行って台湾を防衛しようとする可能性があり、現在こうした有事が発生する可能性が深刻に懸念されている。

中国は、米国の介入に備え、「接近阻止・領域拒否能力」と通称される戦力の整備を進めている。これは、弾道ミサイルや巡航ミサイル、あるいは潜水艦などからなり、台湾の支援のために域外から展開してくる米軍を、台湾に到着する前に物理的に阻止する能力である。特に技術の発達による精密誘導兵器の拡散により、こうした能力の効果が増大してきており、遠征作戦の実行そのものが難しくなっていると考えられるようになった。そのため、米国では、あらかじめ一部の部隊を紛争が予想される地域に事前展開させておくことで、域外からの遠征作戦のリスクを減らそうとする「スタンドイン」といった作戦構想が考案されている。[10]

第2に挙げられるのが、域外大国の直接的な軍事介入のない地域紛争である。例としては、2021年のナゴルノカラバフを巡るアゼルバイジャンとアルメニアの紛争、そして2022年に始まったロシア・ウクライナ戦争がある。これはいずれもが、自国ないし隣国の土地の支配を巡る戦いとなっている。そのため、遠征作戦のように遠隔地に展開する必要がない。補給もまた、自国と地続きの道路や鉄道によって支えられる。

（3）非正規軍との戦い

第1と第2の例として挙げたのは、正規軍同士の戦争であった。第3に挙げられるのが、内乱鎮圧作戦のような、正規軍対非正規軍の戦いである。イラク戦争やアフガニスタン戦争で、当初戦った現地政府を打倒したあとに米軍が展開した内乱鎮圧作戦がこれに当たる。これらの戦争では、米軍はハイテク戦力を駆使して相手国の首都を短期間で制圧することができた。しかし、それで戦争は終わらず、それぞれの領域の中で反米勢力が抵抗活動を繰り広げた。この、首都制圧後の抵抗活動に対する米軍の戦いを、それぞれの戦争の「フェイズ2」と呼ぶことがある（「フェイズ1」は首都制圧まで）。

第1に挙げた域外大国の軍事介入との違いは、正規軍対正規軍、すなわち前述したクラウゼヴィッツ的な「三位一体戦争観」に基づく、社会の中で機能的に分化された軍隊同士の戦いに対し、一方は正規軍だがもう一方がテロ組織や民兵のような武装集団などの非正規軍である、という点である。社会の中で機能的に分化していないこのような武装組織は、一般社会に潜伏しながら正規軍へのテロ的な攻撃を行う。そのため、戦いの図式が、〔軍〕対〔軍〕ではなく、〔軍〕対〔社会の一部〕となってしまう。そして、武装組織が一般市民に溶け込んで社会の中で活動すると、軍側としては探知－攻撃サイクルを実行することが難しくなる。より正確には、一般市民と非正規軍とを区別し、非正規軍の戦闘員のみを選択的に攻撃するのが難しくなる。もし、一般市民を巻き添えにしたり、誤情報で攻撃したりすると、本来味方にすべき一般市民が敵に回る可能性がある。つまり、このタイプの戦争においては、正規軍側は、攻撃すればするほど敵が減らないどころか、敵を増やしていく可能性がある。

こうした戦いで重視されるのは、単なる物理力ではなく、一般市民の「心をつかむ」ことであった。一般市民を味方に付けることによって、非正規軍の戦闘員を社会から浮いた存在にして、一般市民から彼らの情報を得たり、一般市民の側から彼らを排除していくことで、非正規軍を弱体化させていくという考え方である。

これはイラク戦争のフェイズ2の中で「カウンターインサージェンシー」として米軍が実行し、特にブッシュ政権で行われた駐留兵力増派の時期に一時的に成功した。また、米軍は、アフガニスタン戦争のフェイズ2では、地上軍のプレゼンスを限定して、反政府の非正規軍をドローンや特殊部隊で選択的に攻撃する「カウンターテロ」作戦も行った。しかし、いずれの方法も決定的な成果を上げられず、最終的に米軍はアフガニスタンから撤退し、イラクでも駐留兵力を削減することとなった。ベトナム戦争も同様の事例であり、それほどまでに正規軍が非正規軍に勝利することは実際には難しいのである。

(4) 内戦

そして第4のモデルが、内戦である。これは冷戦後でも、ユーゴスラビア内戦であるとか、南スーダンなどで発生しているもので、国内の軍閥同士の戦いであったり、あるいは分離独立を求める勢力の中央政府に対する武力抗争という形を取ることがある。

このタイプの戦争においては、クラウゼヴィッツ的な「三位一体戦争観」が成立しないことが多い。そもそも内戦を戦うような国内の武装組織は、正規軍対非正規軍のモデルにおける非正規軍のように、社会から機能的に分化された軍事力ではないことが多いからである。そうなると、ステートクラフトの1つの「道具」として軍事力が行使されるという前提そのものが成立しなくなる。

例えば、ユーゴスラビアという国家が分裂していくプロセスで、セルビア人勢力、クロアチア人勢力、ムスリム勢力が戦ったユーゴスラビア内戦においては、「民族浄化」と呼ばれる虐殺や性的暴行が頻発した。このように、民族的憎悪が戦いのベースとなってしまうと、政策の道具として軍事力を使うのではなく、破壊そのものが目的となってしまう。人種差別的な意識が影響した場合も同じようなことが起こるだろう。

アフリカにおける内戦を研究したバーダルとマローンは、アフリカにおいては「政治の延長」としての戦争ではなく、「経済の延長」としての戦争が存在していることを指摘した。[11]彼らが明らかにしたのは、戦争の継続によって可能となる経済活動（援助のピンハネや略奪など）を目的として戦争状態を継続する武装勢力が広く存在していることであった。政治の「道具」としての軍事力ではなくなってしまっているのである。

本章では、軍事力を「使う」局面での原則を整理するとともに、現代世界における戦争の類型を示してみた。本書は、軍事情勢を理解するための基礎知識の理解を深めることを目的としている。以下では、陸海空で具体的にどのような形で戦いが行われるかについて考えてみる。

注

1 Eliot A. Cohen, *Supreme Command: Soldiers, Statesmen, and Leadership in Wartime* (New York: Simon & Schuster, 2003), pp. 188-189.

2 菊地茂雄「『軍事的オプション』をめぐる政軍関係——軍事力行使に係る意志決定における米国の文民指導者と軍人」『防衛研究所紀要』第16巻第2号（２０１４年２月）３−８頁。

3 Cohen, *Supreme Command*.

4 高橋杉雄、小泉悠「【緊急対談第2弾】高橋杉雄×小泉悠 ウクライナ戦争１００日の「天王山」（上）」、国際情報サイト「新潮社フォーサイト」（２０２２年６月14日）、https://www.fsight.jp/articles/-/48937.

5 高橋杉雄編『ウクライナ戦争はなぜ終わらないのか——デジタル時代の総力戦』（文藝春秋、２０２３年）。

6 John M. Shalikashvili, *Joint Vision 2010* (Joint Chiefs of Staff, 1996).

7 William A. Owens with Ed Offley, *Lifting the Fog of War* (Farrar, Straus and Giroux, 2000).

8 Lawrence Freedman, "The Transformation of Strategic Affairs," *Adelphi Papers*, Vol. 379 (November 2006).

9 International Institute for Strategic Studies, *The Military Balance 2021: The Annual Assessment of Global Military Capabilities and Defence Economics*, (Routledge, 2021), pp. 176-177.

10 U.S. Marine Corps, Department of Navy, "A Concept of Stand In Forces," (December 2021), https://www.hqmc.marines.mil/Portals/142/Users/183/35/4535/211201_A%20Concept%20for%20Stand-In%20Forces.pdf.

11 Mats Berdal and David M. Malone, *Greed and Grievance: Economic Agendas in Civil Wars* (Lynne Rienner Publishers, 2000).

[第3章]

陸上戦を分析する

軍事力とは、物理的な破壊をもたらす点で他の政策手段とは異なる性格があるが、外交や経済政策と同様にステートクラフトの1つの手段であり、必要なときには行使される可能性があること、そしてそれが実際に行使される局面である戦争が、現代においてどのような形で展開していくかについてこれまで論じてきた。

世界のどこかで戦争は起こっているものだが、1つの国をとってみると、絶えず戦い続けているわけではない。その意味で、「戦い」とは、ある種の非日常的な現象である。同時に、「戦い」は超自然現象などではない。物理法則に則って行われるもので、戦闘機は航空力学に沿ってしか飛べないし、歩兵部隊が超音速で移動することもない。燃料補給が途絶えた状態で戦車が動くこともないし、能力が互角であれば、1隻の艦艇が10隻の艦艇を全滅させることもできない。戦場においては、日常とは異なる様々な事象が起こるが、それでも、物理法則に支配された原則から逸脱することはないのである。

よって、戦場の原則を理解できれば、戦況の理解も深まるし、その後の展開についてもある程度絞り込んだ形で予想することができる。ただし、戦場が陸上・海上・航空のいずれにあるかで物理的な条件が異なる。言うまでもないが、人間は地上に立って歩くことはできるが、海の上では歩けないし、空に浮かぶこともできない。陸上・海上・航空のどこで戦闘が起こるかによって、その原則の具体的な姿は変わってくるのである。

前章で示した、軍事力を行使する局面における原則の具体的な姿は、空間によっても変わってくる。ここからの3つの章では、戦場における原則が、陸・海・空それぞれの空間でどのような形で表れてくるのかについて考えてみよう。

1. 全体的な特徴

陸上戦は、人類の戦いの歴史の中で最も古い。歴史として記録される以前、狩猟や農耕を始めた頃から、既に陸地での戦いは行われていただろう。人間は海や空ではなく、陸に住んでいる。そのため、多くの戦争は、「土地」を巡って起こってきた。経済的な目的であれ、政治的な目的であれ、いずれかの「土地」を自国で支配することが、ほとんどの戦争の重要な目的だったと言っていいだろう。そうなると、海上や空中で戦闘が行われるようになったとしても、最後の決め手は陸上戦ということになる。

こうした長い歴史を持つ陸上戦は、現代では、歩兵、砲兵、戦車といった兵科を中心に構成される。このうち、歩兵は大昔から存在するし、砲兵も大砲の出現とともに生まれ、19世紀初頭のナポレオン戦争期には戦場において重要な役割を果たすようになっている。これに戦車を加えた現在の陸上戦力の基本的な姿が現れてきたのは第1次世界大戦である。

第1次世界大戦は、オーストリア皇太子がセルビアで暗殺されたのを引き金とし、ドイツとオーストリアなどがフランス、ロシア、イギリスなどと戦った戦争である。その主戦場はヨーロッパであり、ドイツが中央部に位置する形となって、東側のロシア、西側の仏英連合軍と戦う図式となった。そのため、ヨーロッパの東側を戦場とした、ドイツとロシアの戦いを東部戦線、ヨーロッパの西側を戦場とした、ドイツと英仏などとの戦いを西部戦線と呼ぶ。

このうち、西部戦線の特徴は、中立国であるスイス国境の北端からドーバー海峡に至るまでの数百キロに及ぶ長さに塹壕が隙間なく張り巡らされ、塹壕に沿って膠着した陣地戦が長期にわたって続いたことにある。[1]

塹壕とは、敵部隊の正面の左右に延ばす形で掘った線状の空堀のようなものである。兵士はこの堀の中に身を隠し、頭と銃だけを出して敵を撃つ。このような防御陣地を作ると、最前線の兵士は、敵に姿をさらさずに射撃を行える。塹壕は敵味方双方が掘るから、お互いに塹壕に身を隠しながら戦うことになるが、それではどちらの側も前に進むことができない。塹壕自体は動かないからである。

前に進むためには敵の塹壕を突破しなければならないが、そのためには攻撃側は自分たちの塹壕から出て、相手の塹壕に向かって攻め込んでいかなければならない。そうなると当然、攻撃側の兵士は防御側からの射撃を浴びる。攻撃側は前進を防御側にさらしながら前進しなければならないのに対し、防御側は、塹壕に身を隠したまま射撃ができるので、この形だと防御側の方が圧倒的に有利であり、攻撃側の兵士の方に大きな損害が出る。

それでも、19世紀のうちは、攻撃側が防御射撃を突破することも不可能ではなかった。銃が単発でしか発射できなかったため、防御射撃の密度がそれほど高くなかったからである。ところが、20世紀初頭、連続発射が可能な機関銃が広く使用されるようになったことが状況を大きく変える。射撃の密度が段違いに高くなったからである。日露戦争において、ロシアの旅順要塞の機関銃陣地に対して、日本陸軍第三軍の歩兵の突撃で大損害を出したことが、日本人にとってわかりやすい例であろう。

第1次世界大戦の西部戦線では、スイス国境からドーバー海峡に至る数百キロの長大な戦線に、双方が隙間がない形で塹壕と機関銃陣地を構築した。しかも、第1線が突破されても対応できるように、第2線、第3線と縦深的に防御陣地が構築された。そうなってしまうと、ドイツ側も英仏連合軍側もなかなか相手の戦線を突破できなくなってしまう。もちろん、前線の歩兵だけでなく、数日間にわたり後方の砲兵が大規模な準備射撃を、攻勢をかけようとする場所に集中して行う。しかしそれでも、多層的に構築された塹壕の完全制圧には至らず、砲兵の射撃に続いて突撃する攻撃側の歩兵は、身を隠している防御側歩兵の機関銃射撃を浴びることになり、膨大な死傷者を出した。そのため、第1次世界大戦の最初の数年間は、双方ともに周到な準備を踏まえて行った攻勢のことごとくが失敗するという、それまでにない戦闘が展開することとなった。

戦車の登場

この状況を打破するためにイギリスで開発されたのが戦車である。戦車は、装甲と砲を備え、内燃機関を動力とする車両である。相手の機関銃の防御射撃に対して、攻撃側が身を守るためには装甲に覆われる必要がある。しかし、生身の人間が、十分な装甲を手に持って前進することはできない。機関銃から兵士を守る装甲を、兵士とともに移動させるためには、人や馬の力ではなく、当時実用化が急激に進みつつあった内燃機関の力を用いた車両が必要であった。さらに砲を積めば、相手の機関銃から身を守りながら、敵の機関銃陣地に砲撃を行って撃破し、塹壕を突破していくことができる。

こうした発想から戦車がイギリスで開発され、実際に1916年9月、ソンムの会戦で史上初めて実戦投入される。故障の多発などもあり、第1次世界大戦で戦車が大きく戦局を変えることはなかった。しかし、戦車という新しい兵器の登場のインパクトは大きく、第1次世界大戦と第2次世界大戦の間に各国で様々な試みがなされ、戦車を用いた機甲戦術が発達していくことになる。[2]

その後、第2次世界大戦におけるドイツの電撃戦の成功を代表例とし、ソ連、アメリカが機甲戦術を戦場で成功させていく。第2次世界大戦後も、朝鮮戦争やイスラエルを巡る中東での戦争で戦車が重要な役割を果たし、後述する諸兵科連合戦術が形成されていく。

この一連の陸戦戦術の発達の中で重要な役割を果たしたのは内燃機関であった。そもそも内燃機関がなければ戦車が登場することもなかったが、第1次世界大戦後は、戦車のみならず、野戦用の榴弾砲にも動力が積まれるようになり、歩兵を輸送する兵員輸送車や歩兵戦闘車も登場する。内燃機関が登場する前、陸上戦の展開は歩兵の歩く速度を超えることはなかったが、内燃機関の性能が向上し、陸戦部隊の自動車化が進んでいくことで、それまでよりも早いペースで陸上戦が展開するようになっていったのである。

2．分析のポイント

(1)「戦線」とは

陸上戦において鍵になる概念として最初に挙げられるのが「戦線」である。「戦線を拡大する」という言葉が日常会話で使われたり、映画化もされた『就職戦線異状なし』という小説があるなど、「戦線」は軍事以外でも使われ、単語として広く知られている。本書でも、これまで説明なしに「戦線」という言葉を使ってきているが、前述の第1次世界大戦の東部戦線や西部戦線、あるいは現在展開中のロシア・ウクライナ戦争における東部戦線や南部戦線というように、「戦線」とは、陸戦が行われている場所を表現する言葉である。この「戦線」という概念と、それを突き崩そうとする思考回路を理解できると、陸上戦の展開が把握しやすくなる。

ポイントは、戦線は文字通り「線」として延びていくことである。陸上戦とは、結局のところ地面の争奪戦である。AとBという国が戦争をしている状況を考えてみよう。Aは、ある一定の広さを持った地面を制圧している。一方、Bも一定の広さを持った地面を制圧している。このAの制圧地域と、Bの制圧地域とは、どこかで接することになる。そしてその接触部分は、あたかも線のように左右に広がる。この接触部分の線を、戦線と呼ぶのである。

類語として、「前線」や「最前線」という言葉があるが、これはまさにこの戦線の「前」の方にある敵との接触部分を指す。そこでは多くの場合、双方が塹壕を掘って至近距離で対峙しており、激しい戦いが行われている。戦線は左右に広がる線であり、その背後に広がる面は相手の制圧地域である。こうした戦線を維持する上で最も重要な要素が補給である。

現代陸戦は機械化されており、車両なしでは成り立たない。そして言うまでもなく、どのような車両も燃料がなければ動かすことはできない。兵士は食料や飲料水がまず必要だし、その上で銃弾や砲弾がなければ戦うことができない。ところが、陸上でそれらの補給物資を持ち運べる量は限られている。人間は体力の範囲でしか装備や物資を持ち運べないし、戦車であっても、例えば1週間の戦闘行動用に必要な燃料を1回で搭載できるようなことはできない。そのため、陸上戦においては、ほぼ毎日、必要な物資を補給し続けなければならない。

そのための物資の量の合計はすさまじいもので、鉄道や幹線道路のような大きな輸送力を持つルートが確保できないと、そもそも陸上部隊を展開させることそれ自体が難しい。そのため、戦線を形成する上では、補給線の確保が実は最も重要な要素となる。

(2) 戦線の突破と防御

このようにして戦線が形成されたあと、お互いに相手の戦線を突破できずに戦線がほとんど動かないことを「膠着状態」と呼ぶ。この状況ではAの制圧地域もBの制圧地域も増減しない。「膠着状態」というと、「小康状態」に近い、ある程度状況が落ち着いているイメージをもつ読者もいるかもしれないが、激しい戦闘が行われているものの、結果として攻撃側が防御側の戦線を突破できておらずに戦線が動かない状況もあり得る。そのため、「戦線が動かない」＝「戦況が落ち着いている」とは限らない。前線では激しい戦闘が行われており、紙一重で戦線を維持できている結果、見かけ上戦線が動いていないように見えることもあるのである。

逆に、AがBの方向に戦線を押し込むことができれば、Aの占領地域が広がっていて、Aが陸戦において優位に立っていることになる。攻勢をかけ、戦線を動かせれば、自らの制圧地域を拡大させ、戦況を有利に展開できる。つまり、陸上戦における重要なポイントは、どのように自らの制圧地域を広げ、戦線を相手の方向に押し込んでいくかということとなる。

最初に思いつくのは、戦線全体を相手の方向に押し込んでいくことだが、そういった形で攻勢が行われることはほとんどない。実際には、戦線の一部に戦力を集中して攻撃をかけ、その場所の防御部隊を撃破して戦線に突破口となる「穴」を空け、突破していく形が多い。

前線を突破していけば、後方にある相手の司令部や補給線を攻撃することができる。そうなると、相手は戦線を維持できなくなり、後退を余儀なくされる。あるいは、2つ以上の突破口を空け、突破した部隊が敵の後方で合流し、相手の前線部隊の退路を断って包囲しようとすることもある。戦線を突破したとしても、相手の前線部隊が後退してしまえば、改めて後方に戦線を再構築されてしまう。しかし、前線部隊の後退を阻止して包囲できれば、そのまま前線部隊を壊滅させることができるからである。そうなると、防御側は戦力が足りなくなり、戦線の再構築が難しくなる。

「土地」と「戦力」の二者択一

そのため、戦線を突破された場合、防御側は難しい選択を強いられる。1つの選択は、前線部隊が包囲されないように速やかに撤退して、後方に戦線を再構築することである。そうすれば、相手のそれ以上の突破を阻止できる。ただしこれは言うまでもなく、「土地」を失うことになる。もう1つの選択が、「土地」を失うのを避けるために、あくまで前線で抗戦を続けることである。しかしこの場合は、手遅れになって前線部隊が包囲されれば、大損害を出してその後の戦いが難しくなる。つまり、「戦力」を維持するか、「土地」を維持するかの二者択一の選択を迫られるのである。攻撃側としては、こうした選択を防御側に強いることができればそれだけで有利な状況といえる。

ロシア・ウクライナ戦争で似たような状況が生まれたのが、第2章でも言及した、2022年5月から6月にかけて続いたセベロドネツク攻防戦であった。繰り返しになるが、この時期、ウクライナ東部のドンバス地方ではロシアが占領地を拡大させていたが、ウクライナはそれでも、ドンバス地方の中に東に向けて横倒しにした三角形のような形で国土を維持していた。セベロドネツクという街は、この三角形の東の頂点に当たる部分にある。

ロシアはその三角形の下の辺にあるポパスナ周辺でウクライナの防衛線を突破し、ウクライナに、戦力を維持するか、土地を維持するかの二者択一の選択を迫ることができた。当時、ウクライナはセベロドネツク方面に主力の機甲部隊を配備しており、これが包囲撃滅されれば、その後の戦闘が難しくなることが予測された。その展開を避ける確実な方法は部隊を後退させることだが、それはセベロドネツクの放棄を意味する。セベロドネツクはロシアが支配下に置きつつあったルハンシク州の中で、ウクライナが維持している最後の都市であり、また臨時州都でもあった。政治的には、ウクライナとしては失いたくない土地だったのである。

ウクライナが迫られた二者択一の選択は、精鋭部隊の壊滅を覚悟して政治的に重要な意味のある都市を維持するか、精鋭部隊の保持を選択して政治的に重要な都市を放棄するかという厳しいものであった。結果的にウクライナは戦力維持を優先してセベロドネツクを放棄したが、ロシアによるポパスナ突破は、こうした難しい選択をウクライナに強いる効果があったということでもある。このように、戦線の突破に成功すれば大きな戦果がもたらされる可能性がある。

陣地防御と機動防御

突破部隊が狙うのは、前線部隊の包囲だけではない。敵の前線後方深くに突破し、敵の司令部を攻撃することで全体の指揮統制を難しくし、全体としての戦闘力を低下させる、あるいは補給線を断ち、前線部隊に補給物資を届かなくさせることも有効である。

これらが達成されれば、周辺の敵部隊全体を混乱させ、壊滅的打撃を与えることができる。ロシア・ウクライナ戦争では2022年9月にウクライナが成功させたハルキウ反攻でこうした状況となった。[3] ハルキウ反攻では、まず戦線を突破したウクライナの機甲部隊が、周辺の補給の要衝であったクピャンスクの攻略に成功した。そのため、クピャンスクからの補給に頼っていた周辺のロシア軍部隊が総崩れになり、ウクライナは短期間で広島県に相当する広さの国土の奪回に成功したのである。

防御側はこうした突破に対して2つの戦い方がある。1つが陣地防御である。強固な陣地をあらかじめ構築しておいて、そこを拠点として防御戦闘を行う。この場合、戦線が突破されたとしても、陣地を再構築して防御に当たることになる。

もう1つは機動防御で、文字通り部隊を機動的に運用して防御作戦を行うことである。攻勢側が前線を突破したとしても、前進する突破部隊は戦いを重ねるごとに消耗していく。また、前進していくから、後方の補給拠点からの距離が長くなり、補給物資が不足することもある。そこで、突破部隊をある程度引き込んだ上で反撃し、戦線を押し戻していくのである。あるいは、攻勢側の部隊が薄いところを狙って逆攻勢をかけることもある。例えば、突破に成功したとしても、それは三角形の形をした突出部となるので、ある程度突破させた上で、底辺部分を左右から攻撃し、逆に突破部隊を包囲してしまうような戦い方である。

機動防御の戦史における有名な成功例としては第2次世界大戦東部戦線における1943年のハリコフ（現ハルキウ）会戦があるが、ロシア・ウクライナ戦争でも、戦争の序盤に機動防御が見られた。ロシアは、キーウ攻略を目指して、ロシア本土からウクライナ北東部を突破する形で機甲部隊である第1親衛戦車軍を前進させた。このときの第1親衛戦車軍は、進撃を始めて10日ほどで200キロ近い距離を突破してキーウ東部近郊に迫った。当時、キーウ北部には既にロシア軍が展開していたから、キーウ東部に第1親衛戦車軍が到達すれば、キーウが包囲されるのは確実な情勢にあった。

ウクライナ軍は、この第1親衛戦車軍をキーウ近郊まで引き込んだ上で、集中砲撃を浴びせて撃破したのである。相手の突破部隊を意図的に前進させ、消耗させた上で満を持して撃破する、見事な機動防御の成功であった。

膨大な損害が出る市街戦

なお、突破作戦の障害になるものとしては、川や山のような地形がある。防御側は、こうした地形を利用して、簡単に敵に突破されないような防御陣地を構築する。加えて、自然地形だけでなく、都市もまた攻撃側にとっては重大な障害となり得る。そういった都市をどうしても攻略しなければならないときに発生するのが市街戦である。

都市には建物が密集している。建物があると視界が限られるし、何よりもそこで防御側が身を隠して待ち伏せすることができる。攻撃側は、建物を1つ1つ制圧していかなければならないが、ある建物を制圧したとしても、次の建物を攻撃するためには、どこかのタイミングで全身をさらしてその建物に突入しなければならない。そのタイミングで別の建物に潜んだ狙撃兵などからの攻撃を受けてしまう。戦車があれば装甲で守られるが、建物は巨大な障害物でもあるから、市街戦では、戦車も道路上を進むしかない。そうなると建物に潜んだ防御側が、戦車の至近距離から、戦車の弱い側面や後面の装甲を狙って攻撃することができる。

このように、市街戦では攻撃側に多大の損害が出ることが多いし、何より攻略に時間がかかる。そのため、攻勢をかける側は、可能ならば都市を迂回して、より敵戦線の奥にまで突破を図ることが多い。ただし、都市はなんの理由もなく作られているのではない。交通の要衝で人や貨物の行き来が多いから都市が形成されるのである。そのため、補給線をその先に延ばしていくことを考えれば、都市を完全に無視するのは難しい。

ロシア・ウクライナ戦争の例で言えば、開戦初期、ロシアはウクライナのハルキウを部分包囲したが、市街への突入は避け、部隊を迂回機動させて東部のイジュームを制圧した。これは市街戦を避けて突破の継続を優先した例である。

一方、南部のマリウポリ、前述したルハンシク州のセベロドネツク、2022年秋から2023年春にかけて激戦が展開されたドネツク州のバフムトでは市街戦による都市の制圧を選択した。このときは、建物に待ち伏せするウクライナ軍による損害が膨大で、ロシアは建物を砲兵火力で破壊しながら少しずつ前進する作戦をとったり、あるいはバフムト戦では、囚人から徴集した兵士を最前線におとりとして配置し、それらのおとり部隊に対する攻撃を見てウクライナ兵の位置を確認し、砲撃でウクライナ側を撃破していく戦い方をとったとされる。いずれにしても、市街戦では膨大な損害が出るというこれまでの常識を、また裏付けるような損害をロシア軍は出すこととなった。

これまで、攻勢をかける側が、どのように戦線を突破しようとするかについて説明してきたが、戦線を形成した上でお互いが対峙しているとき、お互いの兵力は左右に広がって戦線に沿って配置されている。ただし、両軍ともすべての戦力を戦線に沿って展開させるのではなく、後方に予備兵力を配置している。攻勢作戦は、この予備兵力を使用することで実施される。

攻勢をかける側には1つ有利な点がある。それは、攻勢をかける場合、自分の選んだ場所に兵力を集中できることである。つまり、局地的に戦力比で優位に立つことができる。このように、攻勢を行うために兵力を集中し、突破を狙う場所を「攻勢軸」と呼ぶ。一方、防御する側は、相手がどこから攻勢をかけてくるか予想ができないため、あらかじめどこかに集中して兵力を配備することが難しい。そのため、防御側は、相手側の攻勢軸が特定できた時点で予備兵力を派遣して防戦に当たり、陣地防御や機動防御を展開することになる。つまり、最前線の役割は、相手の攻勢を完全に阻止するだけではない。予備兵力が防御作戦を展開するために必要な時間を稼ぐことも、その重要な役割なのである。

（3）諸兵科連合戦術

攻勢をかける場合でも、相手の攻勢に対して防御作戦を展開する場合でも、現代戦において重要な作戦概念が「諸兵科連合戦術」である。陸上戦力は、「歩兵」「戦車」「砲兵」といった、異なる機能や装備を持つ兵科によって構成されている。諸兵科連合戦術とは、文字通り、異なる兵科を連携させて戦う戦術のことである。

相手の戦線を突破する作戦を行うとき、その中心的な役割を果たすのが戦車である。戦車は、相手の最前線の塹壕からの防御射撃に耐えられる装甲を持っており、その砲力によって防御陣地を撃破しながら戦線を突破していく。しかし、戦車は無敵の超兵器ではない。特に側面や上面、後面の装甲はそれほど強力ではなく、そういった部分を狙ってくる対戦車ミサイルに対しては脆弱である。

そのため、側面は歩兵によってカバーし、対戦車ミサイル部隊を排除していく必要がある。もちろん、生身の人間である歩兵も単独での戦線突破はできないから、戦車の砲力による支援を受ける必要がある。

わかりやすさを優先して、非常に単純かつ大雑把な言い方をしてしまうと、戦車は歩兵に対して「勝ち」、対戦車ミサイルは戦車に対して「勝ち」、歩兵は対戦車ミサイル部隊に対して「勝つ」というような、「じゃんけん」のような関係にある。じゃんけんであれば同時に1つの「手」しか出せないが、戦闘ではそうした制約はない。わかりやすく言えば、3つの「手」をすべて同時に出すことで優位に立とうというのが諸兵科連合戦術である。

前線の戦車、歩兵、対戦車ミサイル部隊に加え、後方の砲兵も支援の砲撃を行う。これは、味方の部隊の前進や後退に合わせて、敵部隊を制圧するために行われる。戦車の砲が、数キロ程度の距離しか離れていない、目に見える敵を直線に近い弾道で攻撃する直接照準火器であるのに対し、砲兵が使う榴弾砲からの砲撃は、放物線を描いて20キロ近く先まで届くもので、射撃する砲それ自体からは目標を直視できない間接照準射撃となる。そのため、砲の照準は前線部隊の状況に合わせて変化させなければならない。榴弾砲の照準が合わされ、砲弾が着弾する地域を火制地域と呼ぶが、前線部隊が前進すれば、火制地域を前方に移動させ、味方が後退すれば後方に移動させなければならない。これを移動弾幕射撃という。このためには、最前線の正確な状況をリアルタイムで榴弾砲部隊に伝えなければならない。これは最前線の部隊からの要請や報告、あるいは現代であれば上空のドローンからの情報も合わせて判断されることになる。

なお、榴弾砲からの砲撃は非常に強力で、歩兵はもちろんのこと、戦車であっても容易に撃破されてしまう。そのため、敵の榴弾砲の砲撃を阻止することも重要になる。現代戦においては、榴弾砲が砲撃を始めると、レーダーによってその砲弾の軌道が捉えられる。軌道が捉えられれば、相手の榴弾砲の展開位置が特定できる。その特定された位置に対して、榴弾砲で砲撃を行うのが「対砲兵射撃」である。対砲兵射撃が成功すれば、榴弾砲は撃破されてしまう。そのため、砲撃を行う側は、自らの位置が把握されないよう、短時間砲撃したらすぐに位置を変え、対砲兵射撃を受けないようにする。これを「陣地変換」と呼ぶ。

「任務戦術」と「独断専行」

このように、現代の陸戦は非常に高度で複雑な形で展開する。まず最前線では、戦車と歩兵と対戦車ミサイル部隊が連携する諸兵科連合戦術に基づく戦いが行われ、その部隊を支援するために後方から榴弾砲による砲撃が行われる。この砲撃は前線部隊の位置の変化に即応する形で行われるとともに、砲兵部隊は対砲兵射撃に備えて陣地を絶えず変換しながら射撃を行い、逆に相手の砲撃を阻止するための対砲兵射撃も機会を見て行われる。現代の陸戦では、絶えず変化する最前線の状況に合わせて、こうした数多くの要素を複雑に組み合わせていかなければならないのである。

このような複雑な要素を組み合わせて行われる陸上作戦において重要なものの1つに、ある程度の権限を下級指揮官に委任した形の指揮統制がある。陸上戦力は、一般的に軍―軍団―師団―旅団―連隊―大隊―中隊―小隊―分隊という階層をなす（詳細は国や時代によって異なる）。当然、上級部隊の指揮官が下級部隊を指揮することになるが、上級部隊は最前線からは離れた後方にあるから、最前線の状況を正確かつ詳細に把握できるわけではない。特に突破作戦を行うときは、自軍の計画は計画としてあるとしても、最初に予定されていた攻撃の重点地区では相手の防御が堅く、予想外のところで突破口が開けるようなことも起こり得る。

こうしたときに、上級部隊の指示を待つことなく、下級部隊の独断で突破を行えるように、指揮権限を柔軟に委任しておくことがある。こうした考え方を「任務戦術」と呼ぶ。行動の詳細を縛るのではなく、大枠としての任務を下級部隊に与え、その任務を実行する具体的な行動は下級部隊の現場の判断に委ねる方法である。この枠組みの中で下級部隊が独断で行動することを「独断専行」という。

現代の日本語では、「独断専行」には悪い意味があるが、任務戦術の元で行われる独断専行は、目の前に生まれた機会を逃さずに自発的に行動するという、いい意味を持つ。そして上級司令部は、下級司令部が戦果を拡大するために独断で取った行動をフォローするための支援や、他の部隊の行動の調整を行っていく。

敵と味方が異なる目的を持って交戦している陸戦では、状況は流動的に変化していく。任務戦術はその状況に合わせて最適化された行動を取るために編み出された方法だが、片方が任務戦術を採っている一方で、もう片方が下級部隊の独断的行動を認めない指揮統制を行っていた場合、後者の方が劣勢に立たされることが多い。その意味で、陸上戦とは、単に兵器を使いこなすだけではなく、上級部隊と下級部隊との連携も練り上げていかなければならないのである。

戦車、自走砲、歩兵戦闘車

なお、ロシア・ウクライナ戦争における対ウクライナ軍事支援で広く知られるようになった通り、陸上戦ではいくつもの異なる種類の戦闘車両が用いられる。そのうち、最も知られているものは戦車であろう。戦車は、前述の通り、第1次世界大戦時に、塹壕を突破するために開発された。その基本的な役割は現在も変わらない。基本的には前線の敵陣地を突破していくのが主要な目的で、敵陣地や戦車を撃破するための強力な砲と、敵の防御射撃や戦車砲に耐えられる強力な装甲を備えている。こうした目的のため、現在の戦車は、おおよそ120ミリ程度の砲を積み、セラミックなどで作られた強力な複合装甲を前面に配する形が主流である。なお、戦車砲は、前述の通り、敵の戦車や防御陣地など、戦車自身から直視できる目標に向かって射撃される直接照準火器である。

似たような車両として、自走砲があるが、これは戦車とは全く性格が異なる。搭載する砲は直径約15センチないし20センチ程度の榴弾砲である。榴弾砲は、戦車砲と異なり、直接照準火器ではない。射程距離は20キロ程度と、戦車砲よりもはるかに長く、砲自体からは直視できない遠距離の目標に対して、山なりを描くような軌道で砲弾を発射する。

より正確にいうと、榴弾砲には、車両に取り付けられた自走砲と、砲自体は自走能力を持たない牽引砲とがあるが、一般的に自走砲の方が砲撃能力自体は高い。なぜなら、自走砲自体に砲弾の装填機構を組み込むことができるので、より短い間隔で砲弾を発射することができるし、何よりも、頻繁に行われる陣地変換を、単に車両を移動させることで簡単に行えるからである。牽引砲の場合は、発射時に地面に固定しなければならないから、陣地変換の際は、まず固定を解除し、牽引用の車両を連結させた上で移動させ、車両を切り離した上で再度地面に固定しなければならない。

もう1つ、歩兵戦闘車というものもある。前述した通り、現在の陸戦は諸兵科連合戦術が基本となる。このうち、戦車はエンジンで移動するが、生身の人間である歩兵は自分の足で移動しなければならない。戦車が最大で時速60－70キロで移動することを考えると、生身の人間がそれを支援するために走って追いついていくことは単純に不可能である。しかも戦場では数多くの砲弾が炸裂しているから、生身の人間だと簡単に傷ついてしまう。そこで、戦場の中で歩兵を防護し、移動するための車両として歩兵戦闘車がある。歩兵戦闘車は、対戦車戦は想定していないため、火力は歩兵支援用の重機関銃が主となるが、何人もの歩兵を乗車させ、戦車部隊の前進に追従していく。そして戦場に歩兵を展開させる必要があるときに、歩兵を下車させ、戦闘させるのである。

3．陸上自衛隊

本章ではここまで、陸上戦を分析する上でのポイントを説明してきたが、最後に、現在の陸上自衛隊がどのような考え方で整備されているのかについて簡単に紹介しておこう。

日本の防衛態勢は、長い間「防衛計画の大綱」（以下、防衛大綱）と「中期防衛力整備計画」によって示されてきたが、2022年12月に、「戦略3文書」と称される「国家安全保障戦略」「国家防衛戦略」「防衛力整備計画」が策定され、最も新しい防衛態勢の考え方が示された。このうち、10年後の兵力構成を示したのが防衛力整備計画の別表3である。そこでは、10年後の陸上自衛隊の構成として、常備自衛官定数14万9千、基幹部隊のうち、作戦基本部隊が9個師団、5個旅団、1個機甲師団、そのほかの基幹部隊として1個空挺団、1個水陸機動団、1個ヘリコプター団、7個地対艦ミサイル連隊、2個島嶼防衛用高速滑空弾大隊、2個長射程誘導弾部隊、8個高射特科群、1個電子作戦隊、1個多用途無人航空機部隊、1個情報戦部隊となる形を目指すことが示された。

このうち、作戦基本部隊が、9個師団、5個旅団、1個機甲師団であるから、合計で15個の部隊からなる。これが陸上自衛隊の特徴で、2022年の戦略3文書の前に兵力構成を示した2018年版の防衛大綱では3個機動師団、5個師団、4個機動旅団、2個旅団、1個機甲師団という形だったからやはり合計して15個、冷戦終結後最初の防衛大綱である1995年版でも、8個師団、6個旅団、1個機甲師団で合計15個で数が変わらない。最初の防衛大綱である1976年版でも、12個師団、2個混成団、1個機甲師団で、やはり合計すると15個となる（なお、1976年版の防衛大綱では、12個師団と2個混成団は平時地域配備する部隊、1個機甲師団は機動運用部隊となっており、その後の防衛大綱とは位置づけがやや異なる）。このように、14個プラス1個の15個部隊を基本的な部隊の単位とするのが、陸上自衛隊の伝統的な構成である。

これは1976年版の防衛大綱で示された基盤的防衛力構想において構築された考え方で

ある。この年の防衛白書では、基盤的防衛力構想の考え方が丁寧に説明されており、機能的な文脈と地理的な文脈の双方の側面において「欠落がない」ことが強調されている。機能的な文脈においては、「防空、海上防衛、陸上防衛のそれぞれの役割を果たすための各種の機能や情報、指揮通信等の機能、さらにそれらを支えるための各種の支援機能について欠けるところがあってはならない」[4]とされ、地理的な文脈においては、「こうした各種の機能は、国土やその周辺海空域のいずれの地域においても、侵略の当初から組織的な防衛行動を実施できるように、我が国の地勢の特性等に応じて整備され、組織されていること」[5]と述べられている。

１９７６年版の防衛大綱において、「平時地域配備する部隊」として14個の部隊が示されたのは、「我が国の地勢の特性等に応じて、組織される」ことから積み上げられた数であり、機甲師団、ヘリコプター団、空挺団がそれぞれ1個整備されているのは、陸上防衛の役割を果たすための各種の機能について欠落がないよう、近代陸上戦を戦うのに必要な部隊を一揃いそろえるという考え方によるものである。

北海道を守れ！　北方防衛戦略

このようにして整備された陸上自衛隊が、冷戦期に備えていたのは北海道の防衛であった。

冷戦期には米国とソ連が激しく対立していたが、特に1970年代以降、双方にとって重要な戦力となっていたのは、核抑止戦略を支える戦略ミサイル原潜であった。地上に配備される大陸間弾道ミサイル（ICBM）と異なり、潜水艦から発射される潜水艦発射弾道ミサイル（SLBM）は、相手から攻撃を受けても生き残る可能性が高いため、核兵器で先制攻撃を受けた場合に、報復攻撃を行う上で死活的に重要な戦力と考えられたのである。

ソ連は、極東方面におけるオホーツク海を戦略ミサイル原潜の「聖域」とした上で、米海軍の攻撃から守り抜く戦略を立てていた。そして、ソ連から見れば、その戦略を実行する上で大きな障害になるのが北海道であった。ソ連の極東の拠点であるウラジオストクからオホーツク海に行くには、宗谷海峡を通る必要があるが、北海道を拠点に日米が活動できる限り、宗谷海峡をソ連が安全に使用するのは難しい。さらに、北海道からの航空戦力でオホーツク海上空の航空優勢を取られてしまえば、米海軍の攻撃によってソ連の戦略ミサイル原潜が撃破される可能性が高くなってしまう。

この点から、米ソの軍事衝突が起こった場合に、ソ連軍が北海道に上陸し、宗谷海峡を確保しようとする可能性が高いとみられていた。それを阻止するための防衛態勢として考えられていたのが、北海道の防衛を目的とする北方防衛戦略である。[6] 稚内方面に上陸し、宗谷海峡の確保を狙うであろうソ連軍に対し、陸上自衛隊は後退しつつも、旭川の北方にある音威《おとい》子府《ねっぷ》という、谷状の地形で守りやすい場所に陣地を構築してソ連軍を食い止める戦略であったとされる。

重心は南西諸島防衛へ

冷戦が終結し、ソ連が崩壊したことで、北方防衛戦略は実際に活用されることなくその使命を終えた。冷戦終結後しばらくの間は、陸上自衛隊は阪神・淡路大震災における災害派遣や、オウム真理教のサリンテロ事件のときの化学兵器への対処、あるいは国連平和維持活動への参加やイラクへの派遣など、様々な活動を行ってきたが、2010年頃から、安全保障環境の悪化に伴い、南西諸島の防衛を視野に入れるようになってきた。特に、2013年版の防衛大綱では、統合運用に基づく能力評価を行った上で、島嶼防衛をはっきりと重視するようになった。

ただし、南西諸島防衛を行う上での大きな課題は、地上部隊を平時から展開させる基地が十分にないことであった。沖縄は第2次世界大戦末期に地上戦が行われたことや、既に多数の米軍基地が存在していること、また冷戦期に自衛隊自身が北方のソ連に備えていたことから、特に陸上自衛隊については十分な基地基盤が構築されていなかったのである。その問題に対応するために、与那国島に沿岸監視部隊を設置するとともに、宮古島と石垣島の自衛隊が強化されてきた。また、本土の自衛隊を有事の際に展開するために、機動展開能力の強化も進められてきた。特に、北海道は駐屯地や演習場も多く、訓練環境が良好なことから、北海道に配備する部隊は維持しながら、高い練度を保ち、有事の際に必要に応じて南西諸島方面に機動展開させるという考え方を取っているとされる。

また、2023年の国家防衛戦略、防衛力整備計画に基づき、陸上自衛隊はスタンドオフ能力も強化することとなった。先に挙げた防衛力整備計画の別表3に示された、7個地対艦ミサイル連隊、2個島嶼防衛用高速滑空弾大隊、2個長射程誘導弾部隊である。特に、地上発射のミサイル部隊は、相手からの攻撃に対して生き残る可能性が高いという優位性があり、単に陸上戦を戦うだけではなく、海上における戦闘を支援するための長射程の対艦ミサイルや、他の島を防衛するための高速滑空弾や長射程誘導弾を扱う部隊を整備することとしたと考えられる。

これは、日本の陸上自衛隊が、陸上戦だけでなく、海上戦にも関与していく方向性を示しているものであり、諸外国の陸軍の方向性と比べてもやや特殊な性格を持つものであると言える。島国である日本の防衛戦略の1つの特質であると考えることができよう。

注

1 John Keegan, *The First World War*, (Pimlico, 1999).
2 Posen, *The Sources of Military Doctrine*.
3 高橋杉雄「ロシア・ウクライナ戦争：戦局の転換──第二次ハルキウ反攻はなぜ成功したか」国際情報サイト「新潮社フォーサイト」（２０２２年10月３日）、https://www.fsight.jp/articles/-/49218.
4 防衛庁『昭和51年版日本の防衛』１９７６年、http://www.clearing.mod.go.jp/hakusho_data/1976/w1976_02.html.
5 同上。
6 西村繁樹「日本の防衛戦略を考える：グローバル・アプローチによる北方前方防衛論」『新防衛論集』第12巻第1号。

［第4章］

海上戦を分析する

言うまでもないことであるが、人間は生身で海に住むことはできない。その一方で、地球の表面の約7割が海であり、海を制することは戦略的に非常に重要である。これは現代に限らない。ペルシャ帝国がギリシャに侵攻したペルシャ戦争において、ペルシャ軍は地上において優勢であったが、サラミスの海戦で海軍が敗れたことで、補給線が維持できなくなって撤退を余儀なくされた。

海上戦は、多くの戦争の帰趨に大きく影響しており、その理解を深めることは、軍事力が実際に使われる局面の理解を深める上で必須なのである。

1．全体的な特徴

海洋は、地上と異なり、人は居住していないが、大陸や島を結ぶ「道」であり、人やモノが移動するための主要なルートとなっている。そうした観点から、海洋の戦略上の役割を考察したのが20世紀初頭の米国の戦略家であるアルフレッド・セイヤー・マハンだが、彼は、海上貿易を行う力と、それを守る軍事力を合わせて「シーパワー」と呼び、シーパワーに優れることが、国家の発展の条件であると指摘した。[1]

戦争が起こると、海洋もまた戦場となる。陸上戦ほどではないが、海上戦もまた歴史上古くからある。お互いの陸上兵力が海上交通路を通じて補給を行っていた場合には、自らの補給を確保し、相手の補給を遮断するために海上における優位が必要となるし、海洋を支配できれば、必要なときに対地攻撃や上陸作戦も行えるからである。

海洋は陸上と違って、歩兵部隊を常駐させるようなことはできない。軍艦を展開しても、燃料や乗員の食料を補給しなければならないから、定期的に港湾に寄港する必要があり、海洋の一点に永続的に駐留することは不可能である。そのため、海洋では陸地のような形での絶対的な領域的支配を行うことはできない。

ポイントになるのは、海洋の必要な部分を、自らが使いたいときに使い、相手が使いたいときに使わせないことであり、そうした状況を指して、制海権といったり海上優勢といったりする。

ただし、海上では陸上のように明確に戦線を形成できるわけではないから、制海権といっても相対的なものにしかならない。それは、常駐が不可能であることに加え、海洋の広大さに比して、ごく限られた範囲でしか敵を探知できないからである。地球は丸いので、水平線より向こうに敵の船がいても発見できない。船の高さにもよるが、見通せる距離は1隻当たりで20キロ弱しかない。もちろん相手の艦にもそれなりの高さがあるが、最も高い部分同士を視認するとしても、大型艦同士で35キロ程度まで見通せればいい方である。

航空母艦と潜水艦

例えば、日本海海戦が戦われた対馬海峡の最も狭い場所でも200キロ程度あり、それを端から端までカバーするには、快晴で視界が遮られないという条件下でも、最低5隻の艦艇で監視する必要がある。つまり、探知－攻撃サイクルを考えたとき、攻撃するために必要な探知のために相当のリソースを割かなければならないのである。

この状況を大きく変えたのが航空機の出現であった。地球は丸いが、高いところからならば、より遠くまで見通すことができる。また、移動速度も速いから、航空機が監視できる範囲は、艦艇がカバーできる範囲よりも圧倒的に広くなる。そこで、飛行機が軍事利用されるようになった第1次世界大戦を契機に、航空母艦が出現し、洋上での飛行機の運用が始まった。そして、技術の発達とともに、水上艦艇を撃破できるほどの攻撃力を持つようになる。

海上戦のもう1つの特徴的な兵器として、潜水艦がある。潜水艦が潜む海中は、電波も可視光もほとんど届かない。そのため、潜水艦を探知するには水中を伝播する音波を利用しなければならない。ところが、水中には様々な音が発生しているから、音波による潜水艦探知は容易なことではない。そのため、潜水艦は水上艦艇で劣勢な側にとっては非常に重要な意味を持つ兵器となる。潜水艦を探知するのは難しいので、水上艦艇に忍び寄って魚雷などで攻撃したり、あるいは潜水艦が存在すると相手に思わせることによって、相手の対潜艦艇を釘付けにするといった効果があるからである。陸上戦で地中に潜んで移動する兵器は存在しないし、航空戦にもない。その意味で、潜水艦の存在は海上戦の独自の特徴であると言える。

海上戦は、昔は漕ぎ手が船を進めるガレー船や、帆船によって戦われたが、産業革命後は、蒸気機関やディーゼル機関などを搭載し、装甲を船体に施した軍艦が生まれてくる。そこから、基本的には水上艦艇同士の砲撃戦や魚雷による雷撃戦の時代を経て、第２次世界大戦では空母艦載機の攻撃力が水上艦艇を圧倒するようになった。

大規模な海上戦は第２次世界大戦の日米の交戦以降行われていないが、現在では、ミサイル技術の発達により、対艦ミサイルが主要な兵器となると考えられている。

相手の電波を捕捉する

では、現代の海上戦はどのように戦われるのだろうか。ここで問題になるのは、探知―攻撃サイクルである。対艦ミサイルは数百キロもの射程を持つが、前述したとおり、艦艇から見通せる距離は20キロがせいぜいである。どれほど射程が長いミサイルを持っていたとしても、敵艦の位置を把握できなければ命中させることはできない。

もちろん、ミサイル自身もレーダーや赤外線センサーを持ち、敵艦を探すことができるので、近くまで行けばミサイル側で敵を探知して攻撃することができるが、敵艦の位置が全くわからない状態で闇雲にミサイルを発射しても意味がない。敵艦の大まかな位置を把握した上で、ミサイル自身のセンサーで敵艦を把握できる位置まで飛行させなければならないのである。

そのため、対艦ミサイルを有効に使用するためには、水平線のはるか向こうにいる敵艦の位置や方位についての精度の高いデータが不可欠になる。まず考えられるのは人工衛星になろうが、海洋の敵艦を探知できるレーダー衛星の数は限られているし、軌道上の衛星から、海上の味方艦まで、敵艦の情報を伝えるのにある程度の時間を要していたら、人工衛星による探知のあとで敵艦が遠くまで移動してしまう。こうした情報をリアルタイムで共有するのは簡単ではない。

そこで、敵艦を探知する主要な方法は、航空機や潜水艦を使うこととなるが、このときに特に重要なのは、相手の電波を捕捉することである。電波には、通信に用いられるものとレーダーの電波がある。レーダーは、電波を発振して、目標から反射してくる電波を受信することで距離と方位を把握するセンサーである。そのため、自分が電波を発振しなければ敵を探知できないが、電波を出すことで相手に探知されてしまうリスクも伴う。反対に、敵がレーダーを使っていれば、敵の位置を把握するチャンスともなる。

そのため、相手に位置を把握されていない段階では、艦艇はレーダーを使わないこともある。米国の空母打撃群であれば、航空機にレーダーを積んだ早期警戒機があるので、艦艇からは電波を出さず、早期警戒機が上空からレーダーを作動させて周辺を哨戒することもある。この場合は、米空母部隊が近くにいることは察知されるかもしれないが、それぞれの正確な位置まで突き止められることはない。

攻撃側が相手の位置を突き止めれば、対艦ミサイル攻撃を行うことができる。一方、防御側は、まずはできるだけ早く対艦ミサイルを探知することが必要になる。早く探知できれば、その分、迎撃のための時間を長く取れるからである。

計算を容易にするために、相手のミサイルがほぼ音速の時速1200キロで飛んでくると仮定しよう。探知できる距離が20キロしかなければ、ミサイルは探知後わずか1分で着弾する。仮に10発のミサイルが飛んできたとすれば、1発当たりの迎撃に充てられる時間は6秒となる。これが200キロ先で探知できていれば、探知してから着弾するまでの時間は10分となり、10発のミサイルが飛んできたとしても、1発当たりの迎撃に1分の時間を充てることができる。早く探知することは重要なのである。

対艦ミサイルと防空システムとの競争

しかし、繰り返しになるが地球は丸いので、探知できる距離には限界がある。水上艦艇だけでは、前述の例のように200キロも先で探知はできない。探知距離を大きく伸ばす方法が、より高い位置にレーダーを置くことだが、それを可能とするのが、レーダーを搭載した早期警戒機である。

早期警戒機の歴史は意外と古く、第2次世界大戦中の1943年に、米国が日本機の攻撃に備えるため、艦載機にレーダーを積んでの上空哨戒のプロジェクトを開始している。[2] これは第2次世界大戦中には実戦には間に合わなかったが、戦後の米海軍は、空母の防空のための早期警戒機の整備を進めてきた。

ただし、大型レーダーを積んだ早期警戒機を運用するには大型空母が不可欠になるため、こうした早期警戒機を運用できる国は限られる。１９８２年のフォークランド紛争で、アルゼンチンの対艦ミサイルによってイギリス海軍の駆逐艦シェフィールドが撃沈されているが、これは、当時のイギリスは早期警戒機を運用できておらず、十分な迎撃時間を取ることができなかったからである。

早期警戒機をはじめとし、十分な防空能力を持つ敵艦隊を攻撃する場合には、攻撃側はできるだけ多くのミサイルを同時に敵艦に弾着させる飽和攻撃を試みようとする。多くのミサイルを同時に発射することで、相手のレーダーの能力やミサイルの同時発射能力を超えられれば、防空網を突破できるからである。あるいはミサイル自体を高速にできれば、迎撃に充てる時間を短くできる。

先ほどは音速とほとんど同じ時速１２００キロのミサイルを例に出したが、これが音速の3倍のマッハ3であれば、それぞれの時間は3分の1となる。探知できたのが20キロ先であれば弾着するのは20秒後、２００キロ先であってもわずか3分20秒後となるのである。

　こうしたことから、米空母の撃破を目指したソ連海軍は、艦艇および爆撃機に長射程かつ高速の対艦ミサイルを多数装備し、それらを同時に目標の空母に到達させて米海軍の防空能力を飽和させる「同時弾着攻撃」を行おうとしていた。

　一方米海軍は、当初は対空ミサイルに核弾頭を搭載することで対処しようとしていたが、早期警戒機E－2Cと艦載機F－14、長射程の空対空ミサイルであるフェニックスを組み合わせた防空システムの構築に加え、レーダーとコンピュータの能力を大幅に改善して同時目標対処能力を強化したイージスシステムを搭載したイージス艦を多数建造して配備するようになる。このように、海上においては、対艦ミサイルと防空システムとの間の、いわば「矛と盾」の競争が繰り広げられてきた。

脚光を浴びた地対艦ミサイル「ネプチューン」

　ロシア・ウクライナ戦争でも対艦ミサイルが脚光を浴びた。ウクライナ国産の地対艦ミサイル「ネプチューン」である。「ネプチューン」は、航空機や艦艇ではなく、地上の移動式発射機から発射される射程距離約300キロの地対艦ミサイルだが、これが2022年4月13日にロシアの巡洋艦「モスクワ」を撃沈したのである。[3]

　ポイントは、ウクライナはどのようにして「モスクワ」の位置を探知したか、である。

「ネプチューン」の射程距離が300キロあったとしても、ウクライナの黒海沿岸からでは20キロ程度しか見通すことができない。そのため、NATOが黒海周辺で行っている情報収集活動によって「モスクワ」の位置をつかみ、それがウクライナ側に伝達されたものであろう。

実際、2023年3月14日には、黒海で情報収集に当たっていた米軍の無人機「リーパー」がロシア側の妨害を受けて墜落したことからみても、米国などが黒海で積極的に情報収集を行っていることは確実である。

ロシアの「モスクワ」は能力の高い防空レーダーと対空ミサイルを持つ艦艇であり、ウクライナの黒海沿岸付近の対空警戒に当たっていたものと推測される。しかし、フォークランド紛争のときのイギリス同様、ロシアは黒海では早期警戒機を運用できておらず、ミサイルがごく近くに接近するまで探知できなかったものと推測される。そのため、十分な迎撃時間を取ることができずに撃沈されたのであろう。

2. 分析のポイント

(1) 補給・展開拠点としての港湾の位置

前章で、補給の重要性について述べたが、海上戦力に対する補給は、陸上戦力と異なり、兵員それぞれに対してではなく、艦艇に対する形で行われる。艦艇の燃料や武器と、乗員の食料や水の補給である。

陸上戦力は、個々の兵士が戦闘単位となるから、個々の兵士に向けた補給を行わなければならない。そのため、個々の兵士が持ち運べる以上の物資をまとめて供給することはできず、継続的にある程度の物資を補給し続けなければならない。しかし海上戦力の戦闘単位は艦艇であり、人員は艦艇の乗組員である。そのため、人員に直接補給をする必要はなく、艦艇にまとめて武器弾薬や食料などを積み込めばよい。

補給物資の積み込みは、洋上でも不可能ではないが、一般的には港湾で行われる。その意味で、海上戦力を展開させる上では、艦艇そのものだけではなく、港湾が重要な要素となる。

艦艇は海上の特定の場所に無限に展開し続けることはできないため、港湾から必要な場所に展開し、一定の期間後に港湾に戻って再補給や人員の休養を行う。そのため、港湾と展開海域を往復するのにかかる時間が長ければ長いほど、実際に任務を果たせる時間は短くなってしまう。これをローテーションで行うとすれば、港湾と展開地域の距離が長いほど、多くの艦艇を必要とする。

例えば、インド洋とアラビア海を結ぶアデン湾では、多国籍の海軍部隊が海賊対処を行っている。その艦艇はジブチを拠点としているが、ジブチからアデン湾のインド洋からの入口に当たる海域までは約1000キロ離れている。艦艇の巡航速度を12ノットと考えたとき（1ノットは時速1カイリであり、1カイリは1・852キロである）、1日で進める距離は約500キロだから、2日で到着する。

しかし、仮にジブチが使えず、オマーンのマスカットを拠点とした場合には、同じ海域まで約1500キロの経路となるから、到着まで3日かかり、往復を考えると任務遂行に充てられる時間が2日間短くなる。インドのゴアから往復しなければならなかったら2500キロ離れているから、到着まで5日かかり、往復を考えると展開できる時間は6日間も短くなってしまうのである。

あるいは、日本海で北朝鮮の弾道ミサイルに対する警戒に当たっているイージス艦は、舞鶴を拠点としている。舞鶴から日本海の中心海域までは約500キロだから、1日で展開可能だが、これが日本海側の港湾を使えず、例えば横須賀から展開しなければならないとすれば、はるかに長い距離を航海してからでないと展開できなくなってしまう。

このように、海上戦力の効率的な運用を考えるならば、艦艇の数や性能以上に、根拠地として使用可能な港湾の位置が重要になってくるのである。

「中央位置」に展開せよ

この点を強調したのが、海軍戦略家マハンである。マハンは著書『海軍戦略』の中で、「中央位置」の重要性を説いた。[4] 中央位置とは、相手が戦力を2分、3分しているときにその中間になるような位置である。その位置に戦力を配置することができれば、相手の分割された戦力に対し、こちらはまとまった戦力を移動させて対処することができる。

例えば、シンガポールを拠点とすることができれば、南シナ海とインド洋の双方に対して1つの艦隊でにらみを利かすことができる。逆に、シンガポールを拠点とできなければ、南シナ海とインド洋のそれぞれに艦隊を配置しなければならなくなる。

同じようなことはスリランカについても言える。スリランカを拠点とできれば、1つの艦隊でインド洋の東部と西部の双方ににらみを利かすことができるが、それができなければ、インド洋の東西に艦隊をそれぞれ配置しなければならなくなるのである。

海軍戦略との関連で言えば、中央位置を占めるような港湾を確保できるかどうかが、平時における外交の重要なポイントとなると言える。平時にどれくらいの港湾を確保できているかが、有事において海軍力を展開することが可能なエリアに決定的な重要性を持つからである。

その意味で、第2次世界大戦後に横須賀に米海軍が常駐していることは、米国のアジア戦略の上で死活的な重要性を持った。横須賀に艦隊を常駐させることで、米国本土から見て太平洋の反対側である東アジアに海軍力を容易に展開できるようになったのである。

シンガポールが米国の空母のアクセスを認め、あるいは米国がオーストラリアのダーウィンへのアクセスを拡大していること、そして中国が一帯一路の関係でスリランカのハンバントータ港の管理権を得たことが問題視されているのは、「大国間競争」と言われる時代の中で米中対立が深まっている現在、港湾へのアクセスが軍事バランスにおいて非常に重要な意味を持つからである。

(2) 制海権とシーレーン

「制海権」という言葉を聞いたことのある読者は多いだろう。特定の海域を支配するためには艦艇を港湾からローテーションで展開させ続けなければならないが、港湾から遠くなればなるほど多数の艦艇を展開させるのは難しくなるし、相手が潜水艦を送り込んでくれば、簡単に探知して撃破することはできず、その海域の支配を維持しにくくなる。

ただし、広大な海洋を、陸戦における戦線の自軍側のように、絶対的に支配することは難しい。制海権といっても、海洋の必要な部分を、自らが使いたいときに使い、相手が使いたいときに使わせないことであり、これはあくまでも相対的なものとなる。

ある程度制海権を確立するためには、相手の海軍力を撃破しなければならない。相手の海軍力を壊滅させることができれば、自らの海洋の利用を妨害されることはないし、相手が海洋を利用することもできないからである。この典型的な例が、日露戦争における日本海海戦である。ロシアがヨーロッパ方面から回航してきた主力艦隊を対馬海峡周辺の１回の戦闘で撃破したことで、日本は制海権を確立できた。この例から、「艦隊決戦による制海権の確立」という思想が生まれることになる。ペルシャ戦争におけるサラミスの海戦もこういった意味での決戦に当たる。

「戦わなければならない状況」を作り出す

しかし、実際には決戦に持ち込むこと自体が容易ではない。戦力的に優勢な方が、決戦を行って相手を撃破し、制海権を確立しようとしても、劣勢な方は、可能な限り決戦を回避しようとするからである。その典型的な例が第１次世界大戦の英独海軍の対決である。

当時イギリスは世界第1位の海軍国で、ドイツは第2位の海軍国であった。しかし、両者の戦力には大きな差があり、日本海海戦のような形の決戦が行われればイギリスが勝利するのはほぼ確実であった。そのため、ドイツ海軍は大規模な出撃を控えて決戦を回避するとともに、小型艦や潜水艦でイギリスの海上通商路を攻撃することに徹した。1度だけ、ドイツ主力艦隊が出撃してイギリス艦隊と戦うユトランド海戦が生起したが、このときもお互いにある程度の損害が出た段階でドイツ側が戦闘継続を回避し、決戦というほどの明確な勝敗はつかなかった[5]。

このように「勝てそうな方は戦いたいが、勝てなさそうな方は戦いを回避する」のは、ある意味当たり前のことではある。こうした状況においてあえて決戦を行うには、「戦わざるを得ない状況」に相手を追い込んでいく必要がある。

例えば日本海海戦の場合、ロシアのバルチック艦隊はヨーロッパからわざわざ回航してきた艦隊であり、ロシア領のウラジオストクに行く以外の選択肢がなかったゆえに、前面に立ち塞がる日本海軍と戦わざるを得ない状況であった。あるいは、日本海軍が壊滅した第2次世界大戦中の1944年のレイテ沖海戦も、フィリピンを失ったら日本は南方資源地帯との海上交通路を断たれてしまうがゆえに、戦力的に優勢な米軍に対して決戦を挑まなければならない状況であった。

このように、制海権を確保するためには、単に戦力的に優位に立つだけではなく、戦力的に劣勢な相手に対して「戦わなければならない状況」を作り出すことが重要になってくる。

ＳＬＯＣを断て

この関係で重要な鍵になるのが「ＳＬＯＣ（sea lane of communication／海上交通路）」という概念である。「シーレーン」という言葉を聞いたことのある読者も多いだろう。シーレーンとは、海上交通のルートのことで、現代の日本では、中東の石油を日本に運ぶためのタンカーの航路などの意味で使われることが多い。特に日本のような島国の社会や経済全体は、石油に限らず、海上貿易に依存しているから、シーレーンの安定は死活的に重要である。

ＳＬＯＣとは、シーレーンと似た概念で実際に互換的に使われるが、有事における海上交通線を指すことが多い。有事における海上貿易のための航路の安全を確保することも含まれるが、軍事作戦を実施するために必要な航路を確保するといった意味合いが強い。有事になると、お互いの海軍は、お互いの陸上作戦を支援するために、相手のＳＬＯＣを遮断しようとする。相手のＳＬＯＣを遮断できれば、相手の陸軍への補給を断ち、陸上作戦で決定的に優位に立つことができるからである。

冷戦期の例で言えば、北大西洋において、ＳＬＯＣを巡る戦いが展開すると想定されていた。ヨーロッパでＮＡＴＯ軍とワルシャワ条約機構軍が全面戦闘を開始した場合、ワルシャワ条約機構軍の主力であるソ連は戦場と陸続きだが、ＮＡＴＯ軍の主力である米国は大西洋を隔てた場所にある。そのため、米国は米欧をつなぐ北大西洋のＳＬＯＣを確保し、増援部隊や武器弾薬を送り込む必要があったし、逆にソ連は、米国のＳＬＯＣを遮断すれば、ヨーロッパにおいて優位に立てることが予測された。

なお、言うまでもないことだが、ＳＬＯＣといっても、海上に高速道路や鉄道のようなものが出現するわけではない。実態としては、航海していく輸送船団ということになる。そのため、ＳＬＯＣを遮断するためには、輸送船団の通過するタイミングで水上艦や潜水艦、あるいは航空機で攻撃して沈めてしまえば良い。一方で、ＳＬＯＣを維持するためには、攻撃に来る相手の水上艦・潜水艦・航空機を排除しなければならない。

ＮＡＴＯ軍のＧ-Ｉ-ＵＫギャップ

冷戦期においては、水上艦艇や空母の戦力では、ソ連に対して米国が圧倒的に優勢にあったため、ソ連は潜水艦や爆撃機からの対艦ミサイルで輸送船を攻撃しようとしていた。こうしたソ連軍の攻撃を阻止するため、当時のＮＡＴＯ軍は、アイスランドを拠点とし、そこから西のグリーンランド、東のイギリスに向け、北大西洋に防衛線を展開しようとしていた。

これをグリーンランド、アイスランド、イギリスの頭文字を取ってG－I－UKギャップという。当時は、このG－I－UKギャップを巡って激しい戦闘が展開されると予測されていた。

海上には明確な戦線を形成することはできないから、G－I－UKギャップでソ連海軍を完全に阻止できないまでも、ソ連の潜水艦や航空機の状況を把握し、損害を与えることができれば、北大西洋のSLOCを維持できる公算は高くなる。逆にソ連がG－I－UKギャップに展開するNATO海軍を撃破できれば、SLOCは妨害され、ヨーロッパにおける地上戦に大きな影響が及ぶと考えられていた。

結果として米ソの武力対決は起こらなかったため、G－I－UKギャップを巡る攻防も現実には起こらなかったが、ここからわかることは、海上における大規模な戦闘は、SLOCを巡って発生する蓋然性が高いことである。日本人にはなじみの深い第2次世界大戦におけるガダルカナル島を巡る激しい海戦も、ガダルカナル島で陸戦を行う日本陸軍と米海兵隊へのSLOCを巡る攻防であった。

こうしたことから、第2次世界大戦中に日本海軍海上護衛総隊の参謀を務めた大井篤は、戦後の著書の中で、〔民族生存→通商保護（海上護衛）→制海権確保→艦隊決戦〕という流れで海上戦の基本的な枠組みを整理している。[6] 海軍力はあくまで通商保護、すなわち海上交通線を維持することが主要な目的であり、海上交通線を維持するためには制海権を確保する必要があり、それを実現するためには相手の海軍を撃破しなければならない、という流れである。冷戦期の北大西洋のＳＬＯＣの例を見ても、この考え方は戦後においても十分当てはまっている。

中国海軍の台頭

冷戦後しばらくの間は、米海軍を脅かす存在がなく、１９９１年の湾岸戦争でも２００３年のイラク戦争でも、米国はＳＬＯＣ防衛を考慮する必要はなく、米海軍はトマホーク巡航ミサイルや艦載機による対地攻撃に専念することができた。そのため、海上交通線の防衛のために海上戦を行うことを考える必要がなかった。

しかしながら、中国海軍が急激に近代化を進め、台湾周辺を封鎖する能力を持ちつつある現在、再び、海上交通線の防衛が重要な課題になりつつある。より具体的に言えば、中国海軍の台頭に対し、どのような形で台湾と米国、日本と米国のＳＬＯＣを確保するかが、この後の海上戦の行方を考える上で、欠かすことのできない論点となってきているのである。

（3）海上における探知－攻撃サイクル――ネットワーク中心の戦い

海上戦の分析のポイントの3つ目として、探知－攻撃サイクルを取り上げたい。海上戦においては、これは対航空機、対水上艦、対潜水艦の3つについて考えなければならない。海中に潜む潜水艦は、光でも電波でもなく、音波を使わなければ探知できず、性格が異なるから、まずは対航空機と対水上艦を考えてみよう。

繰り返し述べているとおり、このときに大きな問題になるのは、光であれ電波であれ、地球の丸みの影響を受けるため、探知範囲が限られることである。そこで必要になってくるのが、1隻の艦艇や1機の航空機（ここでは、これらを総称して「プラットフォーム」と呼ぶこととする）だけでなく、それらをネットワーク化して結びつけることである。

なお、無線が使えるようになるまでは、ある船が敵を発見したとしても、それを他の船に伝える方法は限られていた。船同士の通信も、お互いが見える範囲で旗や発光信号を用いて行うしかなかったのである。日本海海戦で、ロシア艦隊の哨戒に当たっていた信濃丸が発した有名な「敵艦見ユ」という通信がよく知られているが、無線が初めて実際の海上戦で使用されたのは日露戦争である。[7]

戦闘力を強化したデータリンク

当時の無線通信はモールス信号であったが、現在では、デジタル化した信号をネットワークを通じて共有するデータリンクが使われるようになっている。特に重要なのは、プラットフォームから得られた情報を単に伝達するだけではなく、それを統合して1つのイメージを作りだし、それをすべてのプラットフォームで共有することである。

この統合されたイメージのことを「共通作戦ピクチャー（COP／common operational picture）」と呼ぶ。これは敵味方の位置がすべて表示された地図のようなもので、これが作り上げられれば、自分からは直接確認できない敵味方の情報をほぼリアルタイムで把握できるようになる。

以前は、敵の探知はそれぞれのプラットフォームが行う必要があった。無線が使われるようになってからも、音声での伝達しかできなかった時代では、正確な敵艦の座標を共有することは難しく、水平線の向こうにいる自軍の艦艇と連携して戦うのは難しかった。

しかし、データリンクが実用化されたことで、自分ではとうてい探知できないような水平線のはるか遠くの敵の位置でも、味方のいずれかのプラットフォームがその敵を探知できれば、その敵の正確な座標データが共有される。[8] そうすることで、自艦からは地球の丸みの影響で探知できない目標に対しても、他のプラットフォームと連携して攻撃ができるようになる。

このように、ネットワークを通じたデータリンクは、情報を味方のプラットフォームで共有することで、戦闘力全体を大幅に強化する。こうしたネットワークの重要性を早くから認識し、様々な取り組みを進めてきた米海軍では、ネットワークの能力が戦闘力を大きく左右するという考え方に基づいて「ネットワーク中心の戦い」という概念が作られた。

第2章で述べた通り、これは「プラットフォーム中心の戦い」と対置される概念とされる。「プラットフォーム中心の戦い」においては、個々のプラットフォームの性能の差が戦闘力を左右すると考えられていた。しかし「ネットワーク中心の戦い」においては、プラットフォームの性能の差ではなく、ネットワークの能力の差が戦闘力を決定するという考え方を取ることになる。

どれほど優秀なプラットフォームであっても、それがネットワークで結びつけられていなければ、水平線の向こうへの攻撃はできない。そのため、敵と交戦するときでも、参加する戦力はごく一部に限定されてしまう。プラットフォームがネットワークで結びつけられることで、水平線のはるか向こうの敵に対しても、味方のプラットフォームのほぼすべての力を投入して戦えるようになったのである。実際の戦闘において、後者の方がはるかに高い能力を発揮することは明らかであろう。

潜水艦戦の戦い方

なお、潜水艦戦においては状況が変わってくる。水中は電波の伝達距離が極めて小さいので、潜水艦の探知には音波を使わなければならないからである。しかし、水中には様々な音が存在しており、潜水艦の音をフィルタリングしなければ潜水艦を探知することはできない。また、海中の温度差による音波の屈折といった問題があるから、水中の潜水艦を探知するためには、平素から海中の様々なデータを集積しておかなければならない。

ただ、音波を使うということは、逆に言えば、音が伝わる限り地球の丸みの影響を受けないということでもある。実際、海中には温度の関係で収束帯（コンバージェンスゾーン）と呼ばれる部分が形成され、そこを通る音は遠くまで伝わっていく。

海中の音を感知するセンサーのことをソナーと呼ぶ。これは第1次世界大戦時にイギリスが開発した音波探知機（当時はアズディックと呼ばれた）を原型にするもので、ドイツが行ったUボートによる無制限潜水艦作戦に対抗するためのものであった。現在では、レーダーのように大きな探信音を出してその反射波で目標を探知するアクティブソナーと、自らは音を出さず、聴音に徹するパッシブソナーとがある。この2つがあるのは、それぞれ一長一短があるからである。

アクティブソナーは、目標の反射波を拾うから、探知範囲内に潜水艦がいれば高い確率で探知できる。しかし、自ら音を出すために、自分の居場所を相手に教えることにもなる。自分の居場所が先に相手に知られてしまえば、こちらが気づく前に攻撃されることもあるし、あるいは相手に避けられてしまい、こちらからの攻撃ができなくなってしまうこともあり得る。

一方、パッシブソナーは、自ら音を出さないから、こちらの位置が知られることはないが、相手が音の静かな潜水艦だったりすると探知が難しい。また、実際に探知できたとしても、アクティブソナーであれば、自分の探信音が反射されて帰ってくるまでの時間を測定すれば距離がわかるが、パッシブソナーでは単に音が聞こえるだけなので、それだけでは距離がわからない。パッシブソナーで距離を測定するには、2つのパッシブソナーで探知し、三角測量の要領で計算する必要がある。

世界中の海底に配置されたSOSUS

このように一長一短があるため、アクティブソナーとパッシブソナーは併用されるし、様々な工夫がなされている。例えば、対潜哨戒機から、ソノブイという浮遊式のソナーが投下されることがあるが、これはアクティブソナーとしても使える。ソノブイは無人であるから、仮に探信音を発信して敵に探知されても、味方が攻撃されて損害を出すことはない。

あるいは、米国は、ＳＯＳＵＳ（sound surveillance system／音響監視システム）というパッシブソナーを、ケーブルで接続して世界中の海底に配置しているとされる。パッシブソナーであっても、複数のソナーで探知した音響を三角測量の要領で計算すれば、位置を特定できる。

このような形で行われる対潜水艦戦においては、前述した「ネットワーク中心の戦い」は部分的にしか実行できない。海上の対潜艦艇や空を飛ぶ対潜哨戒機との間では電波が通じるからネットワークを接続できるが、海中の潜水艦とは接続できないからである。そのため、海中においては未だに「プラットフォーム中心の戦い」が重要になってくる。

このように、海中と海上・空中によって海上戦の様相は大きく異なる。それが異なる理由は、探知—攻撃サイクルのうち、相手をどのように探知するかという方法が大きく異なるからである。逆に言えば、「どのように敵を探知するか」が、海上戦の姿に大きく影響することでもあり、これを分析するには、「どのように敵を攻撃するか」よりも、「どのように敵を探知するか」が重要なポイントだということでもある。

3. 海上自衛隊

本章では、海上戦を分析する上でのポイントを説明してきたが、最後に、現在の海上自衛隊がどのような考え方で整備されているのかについて簡単に紹介しておこう。

２０２２年12月に策定された「戦略３文書」のうち、「防衛力整備計画」において、10年後の海上自衛隊の兵力構成が以下のように示されている。

主要装備が、護衛艦54隻（うちイージスシステム搭載護衛艦10隻）、イージスシステム搭載艦２隻、哨戒艦12隻、潜水艦22隻、作戦用航空機約１７０機で、基幹部隊としては、水上艦艇部隊（護衛艦部隊・掃海艦艇部隊）６個群（21個隊）、６個潜水隊、哨戒機部隊として９個航空隊（うち固定翼哨戒機部隊４個）、無人機部隊２個、情報戦部隊１個が編成されるとしている。

なお、最初に防衛大綱が策定された１９７６年以降、基盤的防衛力構想の時代においては、海上自衛隊は、外洋で作戦する護衛隊群を４個、沿岸防御に当たる地方隊を５個整備してきた。護衛隊群はヘリコプター護衛艦１、ミサイル護衛艦２、汎用護衛艦５という形で８隻からなり、ヘリコプター護衛艦と汎用護衛艦で8機のヘリコプターを運用することから8隻＋8機ということで「88艦隊」と通称された。地方隊は、港湾の防衛や重要海峡の防衛を任務とし、それぞれが3隻の合計15隻、それに旗艦1隻を加えつまり32＋15＋1の48隻を基本的な戦力としていた。

これと2022年の「防衛力整備計画」の別表3を比較すると、大きな違いがあることがわかる。艦艇の数が54隻に増えているだけではなく、組織が大幅に改編されて作戦基本部隊が6個群（21個隊）となっており、護衛隊群と地方隊の区別がなくなっているのである。これは、海上自衛隊の任務が増大してきていることで、護衛隊群と地方隊を区別して運用するのではなく、それらを一体として運用する方が効率的であると考えられるからであろう。

弾道ミサイル防衛とグレーゾーン

第2次世界大戦の日本海軍が海上護衛を軽視してしまったという反省もあってか、戦後の海上自衛隊は、対潜戦（ASW）能力を優先して構築されてきた。そのために、対潜能力の高い護衛艦だけでなく、対潜ヘリや固定翼の哨戒機も併せて整備してきた。もちろん、そうなると航空優勢や対地攻撃といった他の能力への資源配分が少なくなるが、海上自衛隊はそこについては割り切り、米海軍に依存する形で、米海軍と海上自衛隊の分業体制を構築してきた。

ただ、現在では海上自衛隊の任務はＡＳＷだけではない。その中で重要なものをここでは２つあげておく。１つは、弾道ミサイル防衛（ＢＭＤ／Ballistic Missile Defense）である。２００３年12月の閣議決定・安全保障会議決定に基づいて、日本はＢＭＤの整備を進めてきた。これは上層で広範囲の防衛を担う海上自衛隊のイージスＢＭＤと、低層で重要なエリアを重点的に防衛するパトリオットＰＡＣ３から構成されている。

海上自衛隊は、洋上防空能力を強化するために、１９９０年代から米海軍の防空システムであるイージスシステムを搭載した護衛艦を建造してきたが、米海軍同様、イージス艦にＢＭＤ能力を付加したのである。イージス艦のＢＭＤは、スタンダードミサイルＳＭ－３ブロックⅠＡないしⅡＡを使用するもので、上層部分で迎撃するために広い範囲を守ることができる。北朝鮮によるミサイル脅威が高まっているために、日本は２０１２年以来弾道ミサイル破壊措置命令が継続されており、現在（２０２３年５月）でも、常に１隻のイージス艦が日本海で警戒に当たっている。

もう１つの重要な任務は、東シナ海のグレーゾーンの事態へのバックアップである。グレーゾーンとは、武器が使われていないという意味では明らかに有事ではない。しかしながら平時とも言い切れない緊張があり、そこに沿岸警備隊や軍が展開していて、領土・領海・領空を巡る対立が顕在化している状況を指す。

日本の防衛政策においてこの概念が最初に登場したのは2010年版の防衛大綱である。同年の秋には、尖閣諸島周辺の日本領海内において、中国漁船が海上保安庁巡視船に体当たりする事案があり、東シナ海の安全保障が注目された時期でもあった。この事案を受けて、12月に策定された防衛大綱で「領土や主権、経済権益等を巡り、武力紛争には至らないような対立や紛争、言わばグレーゾーンの紛争は増加する傾向にある」として、平時と有事の中間にある安全保障問題としてのグレーゾーンに注目していることを明示したのである。

その後、2012年9月に日本政府が尖閣諸島を国有化して以降は、中国政府公船が尖閣諸島周辺に継続的に展開し、また散発的に領海および接続水域に侵入するようになり、東シナ海の安全保障への危機感がより高まった。それを受けて2013年版の防衛大綱では、さらに危機感を強め、「領土や主権、海洋における経済権益等をめぐり、純然たる平時でも有事でもない事態、いわばグレーゾーンの事態が、増加する傾向にある」中、アジア太平洋地域においてはそういったグレーゾーンの事態が「長期化する傾向が生じており、これらがより重大な事態に転じる可能性が懸念されている」と記述された。グレーゾーンへの対応を引き続き重視するとともに、その長期化やエスカレーションのリスクが高まっているとの認識が示されたのである。

最前線に立つ海上自衛隊

このように、東シナ海においては、実際の武力行使には至らないグレーゾーンの段階で、中国が現状を変更しようとしているのではないかと懸念されている。こうした状況では、有事になってから対処するのではなく、平素から艦船を展開させてプレゼンスを維持し、現状を一方的に変更する「隙」がないことを相手に認識させる必要がある。[9]

一方で中国は海軍ではなく、海警と呼ばれる沿岸警備隊を前面に出している。そして日本も同じく沿岸警備隊である海上保安庁が中心に対応している。しかしながら、意図的ないし偶発的な何らかの要因による武力紛争へのエスカレーションの可能性も不安視されており、中国が海軍を前面に展開させる可能性に備えつつ、そうしたオプションを抑止するために、海上自衛隊がバックアップする形を取り、艦艇や哨戒機を常続的に展開し、警戒監視に当たっている。

この、北朝鮮の弾道ミサイルに対処するための日本海でのイージス艦の展開や、東シナ海グレーゾーンに備えての警戒監視のための艦艇および哨戒機の展開も、いずれも戦闘任務ではない。グレーゾーンは、有事ではないからだ。しかしながら、海上自衛隊の艦艇は洋上での展開を続け、万一の可能性に備えなければならなくなっている。

こうした実任務の負担は、15年ほど前までは現在よりもはるかに小さかった。しかしながら、その後の任務負担の増大にもかかわらず、長い間防衛費は横ばいのまま推移してきたため、現場に大きな負担をかけてきた。２０２２年12月に日本が防衛費を大幅に増額することを決定した背景には、こうした任務の増加と、任務の増加をもたらしているそもそもの安全保障環境の悪化がある。

もちろん、防衛費の増加は、能力を有効に運用するための様々な工夫を講じた上で行われるべきであろう。実際、海上自衛隊はいくつもの工夫を行ってきている。前述したとおり、作戦基本部隊を以前のような護衛隊群4個と地方隊5個に分けるのではなく、21個隊をベースに6個群を作ることにしたのは、できるだけ手持ちの艦艇を柔軟かつ効率的に運用するための組織編成上の工夫である。

また、日本周辺の広大な海域の警戒監視を行うためには、艦艇の数それ自体が必要になる。そこで、海上自衛隊は、広大な海域の哨戒を行うために、警戒監視に特化した軽武装の哨戒艦の建造を開始している。海上の哨戒を行う艦艇はある程度の数を必要とすることから、乗員の数を少なく抑え、また武装も軽武装にとどめて経費を節減し、その分多くの艦艇を建造することにしたのである。[10]

四面環海の日本にとって、最前線に立つのは海上自衛隊である。海上自衛隊は、長い間対潜水艦戦を重視してきたが、東アジアの安全保障環境の深刻化を踏まえれば、任務を広げていく必要があり、現実にBMDやグレーゾーンに備えた警戒監視などの任務への資源投入が増えてきている。そしていずも型ヘリコプター護衛艦にF－35戦闘機の運用機能を付加することによる洋上防空能力の強化や、あるいはスタンドオフ攻撃能力や反撃能力の一環をなすトマホーク巡航ミサイルによる対地攻撃任務も担うようになる可能性など、今後も海上自衛隊の役割は拡大していく可能性が高い。

注

1　アルフレッド・T・マハン（北村謙一訳）『海上権力史論』（原書房、１９８２年）。
2　Edwin Leigh Armistead, *AWACS and Hawkeyes: The Complete History of Airborne Early Warning Aircraft* (MBI Publishing Company, 2002), pp. 5-9.
3　Adam Taylor and Claire Parker, "'Neptune' missile strike shows strength of Ukraine's homegrown weapons," *Washington Post*, (April 15, 2022), https://www.washingtonpost.com/world/2022/04/15/neptune-ukraine-moskva/.
4　アルフレッド・T・マハン（海軍軍令部訳）『海軍戦略』（原書房、１９８２年）37、74頁。
5　Keegan, *The First World War*, pp. 276-296.
6　大井篤『海上護衛戦』（新版）（朝日ソノラマ、１９９２年）、23頁。
7　Arthur Hezlet, Electronics and Sea Power (Stein and Day Publishers, 1975), pp. 43-49.
8　Allard, *Command, Control, and the Common Defense*, revised edition, pp. 47-81.

9　防衛省防衛研究所『東アジア戦略概観２０１４』（防衛研究所、２０１４年）、56－59頁、http://www.nids.mod.go.jp/publication/east-asian/pdf/eastasian2014/jPreface.pdf.

10　防衛省『令和４年版　防衛白書』（防衛省、２０２２年）、４４１頁。

［第5章］

航空戦を分析する

現代世界における生活は、航空機なしでは考えられない。それは戦争においても同じである。航空優勢という言葉は、ロシア・ウクライナ戦争においてもしばしば聞かれるが、航空戦で優位に立つことは、戦争の帰趨を決める上で決定的な効果を持つ。

同時に、戦争の歴史の中で、航空戦の歴史は浅い。言うまでもなく、航空戦が行われるようになったのは飛行機が使われるようになったあとだからである。その意味で、飛行機の技術の発達と、航空戦の歴史は密接につながっている。そのあたりを含めて、航空戦の分析をどのように行うのか、この章では考えてみたい。

1．全体的な特徴

陸上戦や海上戦に比べ、航空戦の歴史は浅い。人類が空を飛べない以上、空を飛ぶ道具である飛行機が使われるようになるまで航空戦が発生しようがなかったからである。同時に、空を使用することが軍事的に大きな重要性を持つことから、１９０３年にライト兄弟が最初の動力飛行に成功したあと、急速に軍事利用が進んだ。

広く知られているとおり、航空機の軍事利用の進展の大きなきっかけとなったのは第１次世界大戦である。最初に使用されたのは偵察目的であった。陸上戦では、目の前にいる敵の姿しか見えない。戦場にある丘を占領して上から見下ろさない限り、相手の部隊がどのような隊形で展開しているのか、後方にどのような部隊が待機しているのか、砲兵部隊はどこにいるのか、といった情報を把握することはできない。

しかし、飛行機が敵地を上から見下ろせば、それらを瞬時に把握できる。もちろん、第１次世界大戦の段階では飛行機に搭載可能な無線はなかったから、上空から把握した敵の情報をリアルタイムで地上部隊に伝達することはできなかったが、それでも上から見えるか見えないかは大きな違いであった。逆に言えば、敵の偵察機が上空を飛ぶのを許していては、自軍が不利になる。

そうしたことから、次に、敵の偵察機を排除するための戦闘機が戦場に投入されることになる。また、敵の上空を飛べるのであれば、そこから爆弾を投下することもできる。これを爆撃と言うが、こうすれば敵の陸上部隊に損害を与えたり行動を阻害したりすることができる。戦闘機は、こうした爆撃を阻止する役割も期待されることになる。

そして、一方が戦闘機で戦場上空の防空を行い、偵察や爆撃を阻止するならば、もう一方も戦闘機を敵地上空に送り込んで敵の戦闘機を排除し、偵察や爆撃を実施するようになる。このようにして、戦闘機同士の空戦が行われるようになった。第1次世界大戦中に航空戦略は大きく進歩し、末期には既に、相手の飛行機を撃破することを目的とする戦闘機と、爆撃を主任務とする爆撃機とに分化して航空戦が行われていくようになる。

第2次世界大戦以降の航空戦

内燃機関の技術発展に伴い、第1次世界大戦と第2次世界大戦の戦間期に、航空戦略についての研究や実践が各国で進められていく。その中で最も注目されるのは、爆撃のみによって戦争に勝利できると主張する戦略爆撃思想であった。[1] それだけではなく、戦略爆撃に対抗する作戦構想としての戦略防空、陸戦が戦われている戦場での「空飛ぶ砲兵」としての近接航空支援、航空優勢を得るための航空撃滅戦といった形で、航空戦略が発達していく。[2] そして第2次世界大戦においては、第1次世界大戦とは比較にならない規模で飛行機が戦闘に投入され、敗戦国であるドイツや日本の国土を爆撃によって焼け野原にするといった形で、その威力が示されることとなった。

第2次世界大戦末期には、プロペラ機のエンジンであったレシプロエンジンに代わってジェットエンジンが実用化されるようになる。1950年に始まった朝鮮戦争では、第2次世界大戦において日本の防空戦闘機を寄せ付けなかったB‐29に対し、北朝鮮のジェット戦闘機ミグ15が大損害を与えるなど、ジェット機とプロペラ機の性能差が如実に示された。

冷戦期においては、それからも、いくつもの中東戦争でのアラブ諸国とイスラエルとの間で、また、ベトナム戦争で、航空戦が戦われていく。また、第4次中東戦争では、地対空ミサイルが大きな効果を上げ、飛行機だけでは航空戦が完結しない時代になってきた。レーダーと対空ミサイルを組み合わせた防空システムが高い能力を持つことが明らかになったからである。

冷戦終結後は、湾岸戦争、コソボ空爆、イラク戦争において、米国の航空戦力の圧倒的な力が示された。詳細は後述するが、米軍はレーダーに映りにくいステルス機を世界で初めて実戦投入することで、相手の防空システムを短期間で無力化したのである。

一方、2022年に始まったロシア・ウクライナ戦争では、双方が相手の防空システムを無力化できず、相手の防空圏に侵入しない形で航空作戦が行われているとみられている。ロシアはウクライナ国内に激しい爆撃を加えているが、それもほとんどはウクライナの防空圏の外から発射される巡航ミサイルか無人機によるものである。

様々な機体、様々な任務

軍事に明るくない人は、軍用機をまとめて「戦闘機」と呼んでしまうことがあるが、戦闘機は軍用機の一種で、敵の飛行機と戦い、撃破するための機体を指す。そして、爆撃を主任務とする大型機のことを爆撃機という。戦闘機は爆弾の搭載能力が限られるが、速度と機動性が高い。そうでないと相手の戦闘機と空戦して勝てないからである。

爆撃機は、爆弾搭載量が最重視されるため大型化し、多数のエンジンを備えて数多くの爆弾を積めるように設計されている。その代わりに機動性は戦闘機に大きく劣るから、戦闘機に攻撃された場合には撃墜される可能性が高い。それを防ぐためには、援護のために戦闘機を同伴させ、敵の戦闘機の接近を阻止する任務を担わせる。最近ではエンジンの出力増大により、戦闘機の爆弾搭載量が増えて戦闘機と爆撃機の両方の任務を果たせる戦闘爆撃機が増えてきている。

他に偵察機や輸送機という機体もある。飛行機が戦場に登場したもともとの目的が偵察であったことからわかるように、偵察はいまでも飛行機の重要な役割である。米軍は高高度からの情報収集に当たるU－2偵察機を有人機としていまでも使っているが、現在では偵察の多くは無人機で行われるケースが多くなっている。輸送機は物資を運ぶ機体で、船舶ほどの輸送量はないものの、高速で兵器や弾薬を輸送することができる。

変わる航空戦

ここで航空作戦について簡単に説明しておこう。一般的に、航空作戦としては、航空優勢を巡って展開する攻勢対航空作戦および防勢対航空作戦と、地上作戦の支援のために行われる近接航空支援や阻止攻撃、海上作戦の支援のために行われる対艦攻撃、そして相手の国力そのものの破壊を目標とする戦略爆撃がある。

攻勢対航空作戦と防勢対航空作戦は、相手の航空戦力を撃破して航空優勢を獲得しようとするものである。航空優勢については後述するが、攻勢対航空作戦とは、敵が制圧している地域の上空に踏み込み、相手の航空戦力の拠点となる飛行場を攻撃することを中心とする。

飛行場が損害を受ければ、相手の航空作戦そのものの実施が難しくなり、結果として航空優勢の獲得に一歩近づくことができる。

防勢対航空作戦とは、相手の攻勢対航空作戦を阻止することで、相手の航空戦力を自軍の制圧しているエリアで迎え撃ち、損害を与えていく作戦である。

航空作戦はそれだけではない。第１次世界大戦以来、地上作戦の支援も重要な任務である。まず思いつくのは前線の敵陸上部隊を直接攻撃する近接航空支援であろう。これは、最前線で交戦している敵の戦車や歩兵を上空から攻撃するものである。しかし、前線の部隊は分散したり防御陣地に入っていたりするので、航空攻撃といっても必ずしも有効だとは限らない。その点から、前線の部隊を直接攻撃するのではなく、後方の予備部隊や予備部隊が移動するために必要な橋などの交通路のチョークポイントを破壊する阻止攻撃も行われる。

攻勢をかける側が前線で敵を突破しようとするとき、防御側は予備兵力をそこに移動させて突破を防ごうとする。阻止攻撃は、この予備兵力を攻撃して、防御のために展開できないようにするためのものである。一般的に、予備兵力への攻撃は航空戦力にしかできないし、これは前線の兵力バランスに大きく影響を与えることから、航空作戦としては近接航空支援よりも阻止攻撃を優先させるべきとの考え方もある。[3] 対艦攻撃は第４章で既に述べた。戦略爆撃については後述する。

なお、近年の航空戦において考慮すべき要素として、巡航ミサイルや弾道ミサイルの精度の著しい向上がある。特に、中国は、非常に精度の高い中距離弾道ミサイル戦力を整備していると考えられている。これらのミサイルは、飛行場の滑走路や、あるいは格納庫を直撃して、地上で相手の航空戦力を撃破できる。

このような精度の高いミサイルは、航空戦の様相を変えてしまうかもしれない。いかに優秀な戦闘機でも、1日の8割以上の時間は地上にいるからである。相手の戦闘機が地上にいる間に撃破できるなら、もはや空中で相手の戦闘機と戦う必要はない。F－22やF－35のようなステルス戦闘機は、非常に高い対戦闘機戦闘能力を持っており、空中戦で撃破するのはきわめて難しい。しかし、地上にいる間であれば、他の飛行機と同様に撃破することができる。

そう考えるならば、航空優勢の獲得のための作戦の考え方が変わっていく可能性がある。これまでは、遠距離からピンポイント攻撃を行い、地上で航空戦力を撃破するのは容易ではなかった。そのため、お互いに離陸したあとで空中戦で優位に立ち、相手の航空戦力を撃破する作戦が必要だった。しかし、対地攻撃用のミサイルの精度が著しく向上したことで、ミサイル攻撃だけで航空優勢を獲得できる可能性が出てきたのである。同様に著しい進歩を遂げている無人技術の現状を考えれば、偵察機だけではなく、爆撃機や戦闘機も、その少なくとも一部が無人化されていく可能性がある。非常に精度の高いミサイルで対地攻撃を行うことができ、さらに無人機も多用されるとなると、航空戦の概念は大きく変わっていくことになろう。

2. 分析のポイント

(1) 航空優勢

航空戦において重要な概念が、航空優勢、あるいは制空権と呼ばれる概念である。詳細な定義はここでは省略するが、大まかに、「自らがある空域を使用したいときに使用でき、相手が使用したいときにそれを阻止できる」と捉えることにする。

飛行機は空に永続的に駐留するようなことができないので、これらは陸上の戦線とは意味が違い、相対的な概念となる。全般的に航空戦力で優位に立っていたとしても、相手が一部の空域に機体を集中的に投入して対地攻撃を行うようなことがあれば、それを阻止することは難しい。このあたりは制海権と似た性格を持つといえよう。

航空優勢を獲得するための最も基本的な方法は、相手の航空戦力を撃破することである。そうすれば、自らが「ある空域を使用する」ことを相手が妨害するのは難しくなる。そのためのシンプルな方法は、相手の戦闘機を空中で撃破するか、相手が使用する飛行場を攻撃して使用不能に追い込むかである。味方の航空作戦を妨害するのは相手の戦闘機だから、戦闘機そのものを撃墜したり、飛行場を無力化できれば、相手の戦闘機の行動ができなくなる。もちろん、戦争には相手がいるから、こちらが航空優勢を獲得しようとする作戦を阻止しようとするし、相手も航空優勢を獲得しようとする。

こうした航空作戦のうち、特に相手の飛行場を撃破するために行われる一連の作戦を前述のように攻勢対航空作戦と呼び、自軍の飛行場などが撃破されないように行われる防空作戦などを防勢対航空作戦と呼ぶ。航空戦は、この2つの作戦を組み合わせて航空優勢を獲得しようとする形で行われる。

ただし、飛行機は、航空力学に基づいて空を飛ぶ物体であり、無給油ではほんの数時間しか飛行できないため、いかなる形であれ、航空作戦を行うためには飛行場が不可欠となる。このあたりは、艦艇が港湾を必要とするのと似ているが、艦艇が少なくとも数週間は航海できるのに対し、航空機は数時間しか飛べない。空中給油を重ねても24時間を超えるような飛行は行わないため、より短い時間的サイクルで活動する点に違いがある。

飛行場が展開を左右する

なお、ここで言う飛行場とは、単なる滑走路だけではなく、ある程度の機体の数を駐機できる広さ、燃料備蓄施設、弾薬庫を含む。軍事的な航空作戦には数多くの機体と膨大な数のミサイルや爆弾を必要とするから、これらの補給物資を集積できるだけでなく、それらを運び込める場所にある必要もある。

その規模を持つ飛行場は実際にはそれほど多くなく、湾岸戦争のときにはサウジアラビアにあるダーラン基地、コソボ空爆のときにはイタリアにあるアビアノ基地を拠点として米軍の航空作戦は展開された。ただし、これほどの規模の飛行場を有事になって突然作り出すのは難しい。海軍力における港湾と同様、これもまた平時から整備しておく必要がある。

通常、戦術航空機の作戦行動半径は大きくても1000キロ程度であるから、想定される戦場からその程度の距離に基地を確保することが必要である。どうしてもそうした基地が確保できなければ、航空作戦は、洋上を移動する飛行場である空母から行わなければならなくなる。航空戦は、拠点となる飛行場がなければ起こりようがない。逆に言えば、交戦する双方の飛行場の位置を把握することで、航空作戦の展開が理解しやすくなる。

このように、大規模な飛行場を拠点として航空作戦が展開されるわけだが、現代では、相手の航空戦力を活動不能に追い込むことが自動的に、「使いたい空域を望むように使用する」ことを保証するわけではない。戦闘機戦力が撃破されたとしても、対空ミサイルによる防空が継続するからである。実際、第4次中東戦争でエジプト軍の対空ミサイルがイスラエル空軍に対して大きな成果を挙げ、イスラエルが航空優勢を獲得するのをある程度阻止している。

敵のレーダーを破壊する

こうした対空ミサイルの脅威への対抗作戦を練り上げてきたのが米軍である。対空ミサイルはレーダーで敵の飛行機を探知し、ミサイルで迎撃する。そのため、レーダーを撃破できれば、対空ミサイルを無力化することができる。米軍はそのために、SEAD（suppression enemy air defense）およびDEAD（destruction of enemy air defense）という作戦概念を作り出した。これは、敵の対空レーダーを制圧ないし破壊することを目的とするものである。レーダーは電波を発振して敵を探知するから、敵がレーダーを作動させればその位置を特定することができる。だとすれば、対地攻撃用のミサイルそのものに小型の電波探知機を仕込み、レーダー電波の発振源に向かっていくようにすれば、作動中の敵のレーダーを撃破できることになる。

米軍がそのために開発したのが、レーダー誘導の対空ミサイルを元にしたＨＡＲＭ（high-speed anti-radiation missile）というミサイルである。米軍にはこうした任務のために特別に訓練された部隊が編成されており、低空で敵地に進入してレーダーを撃破する役割を担っていた。ＨＡＲＭによって敵のレーダーを破壊できれば言うことはないが、相手がＨＡＲＭを恐れて電波の発振を止めればどのみち対空ミサイルは使えなくなり、その他の航空作戦を円滑に実施できるようになる。米軍は、これとステルス機を組み合わせて、１９９１年の湾岸戦争においてはイラクの、１９９８年のコソボ空爆においてはセルビアの防空システムを無力化した。

２０２２年から始まったロシア・ウクライナ戦争の大きな特徴は、機体数で大きく勝るロシア側が航空優勢を獲得できていないことである。それどころか、ロシアはウクライナの防空システムを恐れてか、爆撃機をウクライナ上空に進入させることをさけ、本土の都市部への攻撃はほとんど巡航ミサイルで行っている。

これは、ウクライナ空軍の健闘を表しているが、ロシアが米軍のような形では敵の防空システムを無力化する能力を有していないと推測できる。一方、ロシア側の地上部隊の上空も対空ミサイルで守られており、ウクライナ側も有効な航空作戦を行えていない。

２０２３年５月に、米国がＦ－16のウクライナへの供与に同意した。Ｆ－16は、上記のＳＥＡＤを実施する能力を持っている機体であるから、これを適切に運用することができれば、ロシア側の防空ミサイルを無力化し、状況を大きく変えていく可能性がある。

（２）航空戦における探知―攻撃サイクル

海上を移動する艦艇と異なり、飛行場は移動しない。海上戦であれば、まず相手の艦艇の位置を探知しなければ攻撃できないが、大規模な軍事作戦が可能な飛行場の位置はほとんどの場合、戦争開始前から明らかであるから、飛行場に対する攻撃そのものはそれほど難しくはない。

もちろん、ダミーとなる基地を設置する方法もあり、実際に第２次世界大戦中のニューギニア航空戦では、米軍が設置したダミー基地に日本陸軍飛行隊が攻撃を繰り返し、その間に新たな基地が稼働を開始した事例もある[4]。

しかし、人工衛星で宇宙から監視できる現在においては、そうした形の欺瞞を成功させることは難しいだろう。そう考えると、相手の攻撃から飛行場を守るためには、防空ミサイルで縦深的に防空網を構築するか、強固な格納庫を作って地上にいる間に戦闘機などが撃破されないようにしたり、滑走路の修復能力を強化するといった形で抗堪性を強化するか、あるいは戦力や弾薬・燃料を複数の基地に分散することが考えられる。いずれにしても飛行場の位置が明らかである以上、一方が行う攻勢対航空作戦に対処して飛行場の作戦能力を維持するのは容易ではない。そのため、双方ともに攻勢対航空作戦を行って、お互いに相手の飛行場を撃破しようとするのが、同程度の航空戦力を有する国々の間の戦争において予測される展開である。

航空戦力に大きな差がある場合、例えば冷戦後に起こった米軍の軍事介入においては、イラクやセルビアは米軍に比べ微々たる航空戦力しか持たなかったため、こうした形での航空戦は起こっていない。

進むネットワークの構築

ここまで述べてきたように、飛行場はあらかじめ位置が特定されているので、探知―攻撃サイクルの点で言えばそれほど大きな困難はない。難しいのは、より戦術的な、飛行機対飛行機の局面における探知―攻撃サイクルである。特に戦闘機対戦闘機の航空戦において、相手に見つけられていない状態で相手を見つければ、奇襲的に攻撃できるから一方的に有利になる。そのため、探知の成否はそのまま戦術局面の勝敗に直結する。

ここで重要になるのが、それぞれの機体がレーダーの電波を発振するか否かである。航空戦も地球の丸みの影響を受けるが、飛行機はある程度の高度を飛行するために、肉眼では見えない距離までもレーダーの電波は届く。しかし、レーダーの電波を発振すると、相手にその電波を探知されて自らの位置を特定されてしまう。しかし、レーダーを発振しなければ敵を探知することができない。

このジレンマを解決するのが、地上のレーダーやレーダーを積んだ早期警戒機を組み込んだ形でネットワーク的に情報を共有することである。レーダーで探知した情報を管制センターに集約し、集約された情報を元に迎撃機を振り向けて航空戦を行うシステムを統合防空システム（ＩＡＤＳ／integrated air defense system）と呼ぶ。

史上初めてＩＡＤＳを構築したのはイギリスであった[5]。イギリスはドイツの戦略爆撃に対抗し、レーダー監視網を構築するとともに、その情報を一カ所に集約し、統一指揮の下に迎撃戦闘を行った。もちろん、このときはレーダーからの情報は音声通信で伝達されたし、情報表示は木で作った模型を地図上におく形であった。そうしたアナログな形であったが、これはネットワークを通じた情報共有であり、非常に大きな効果を上げた。その成果が、１９４０年のドイツとイギリスの航空戦、いわゆる「バトル・オブ・ブリテン」におけるイギリス空軍の勝利である。海上戦の章で「ネットワークを中心とした戦い」について説明したのと同様、現在では、デジタル化されたデータリンクが行われるようになっている。

ＡＷＡＣＳによるネットワーク化

米国と米国の同盟国においては、それぞれのプラットフォームをベースにするのではなく、地上のレーダーやレーダーを航空機に積んだ早期警戒管制機（ＡＷＡＣＳ）などの情報をネットワークを通じて戦闘機とも共有し、関係するプラットフォーム全体をシステムとして結びつけて戦うことが一般的になっている。

特にＡＷＡＣＳのレーダーの能力は高く、その情報を共有し、ＡＷＡＣＳからの指示に基づいて航空戦を行うことで、それぞれの戦闘機はレーダーを発振しなくて良くなっている。レーダーに探知されにくいステルス機の場合、自らレーダーを発振すると、逆に敵に探知される可能性を高めてしまうことになるから、ステルス機の普及に伴い、こうしたネットワーク化された航空戦の重要性はますます高くなっている。例えば、非ステルス機をある種のおとりとして使い、あえて敵に探知させそちらへの攻撃を誘った上で、それらの敵機をステルス機で奇襲的に攻撃するようなことも考えられるのである。

一方、ＡＷＡＣＳは、航空戦における探知—攻撃サイクルの中核にあるから、相手からすると重要な攻撃目標になる。そのため、多くの戦闘機によって強固に防衛されることになるが、双方がステルス機を運用していれば、それである程度まで探知されずにＡＷＡＣＳに接近し、長射程の対空ミサイルを使用して狙い撃ちすることが考えられる。ＡＷＡＣＳを撃破してしまえば、ネットワーク化による利点は失われるからである。

ただし、現在米国と同盟国が運用するようになったＦ－35戦闘機は高いネットワーク能力を持っており、ＡＷＡＣＳだけでなく、それぞれの戦闘機のレーダーからの情報を融合させてＣＯＰを形成することも可能だとされている。このような形で、航空戦における探知－攻撃サイクルは絶えず進歩し続けている。

（3）爆撃目標

航空戦独特の戦闘概念として、戦略爆撃がある。これは第1次世界大戦における飛行機の急速な発展を踏まえて戦間期に台頭した考え方で、爆撃のみで戦争に勝ちうるという思想さえ生まれた。はたして爆撃だけで戦争を終わらせることができるかというのは、「エアパワーディベート」として実は長く論争が行われてきたテーマであるが、実際にはそうやって終わった戦争は存在しない。

その中で、どこに爆撃を加えれば効果的に相手の国力を削り取り、戦争終結に結びつけられるかについての議論が行われてきた。英米がドイツに対して戦略爆撃を行った第2次世界大戦中、特に米国はドイツのボールベアリング工場を狙い、兵器生産に打撃を与えようとしたり、製油所を狙うことで軍事作戦を行うために必要な燃料に打撃を与えようとした。結果的には、決定的に影響を及ぼしうるターゲットを見いだすには至らない状態で第2次世界大戦は終結する。

その後も戦略爆撃について議論が進められていく中で、1980年代末に米国で登場したのが「ファイブリングモデル」である。これは当時米空軍の大佐であったジョン・ウォーデンが提唱したもので、国家であれ軍隊であれ、社会においてシステムとして振る舞う主体には5つの重要な要素が同心円状に積み重なる形で活動しているという考え方である。[6]

ウォーデンは、この同心円の中心にあるのが指導者であり、その外側にエネルギー、インフラ、民間人、軍隊があるとモデル化した。そして爆撃を加える場合、同心円の中心に近いところをターゲットとすれば、その外周に影響が及ぶため、より効果的な打撃を与えることができると主張した。

軍隊の活動を支えているのは民間人であるから、民間人を攻撃すれば軍事力の行動に影響が及ぶ。民間人はインフラがなければ活動できないから、インフラを攻撃すればその外周の民間人と軍隊に影響が及ぶ。インフラはエネルギーがなければ動かないからエネルギーを攻撃すればその外周は十分に活動できなくなる。指導者は戦争全体の意思決定を行うから、指導者を攻撃できればシステム全体が麻痺する、という考え方である。ただしこれは、軍事目標を攻撃するのではなく、民間人や社会インフラを攻撃すべきという主張であるから、実際にはウォーデンの考え方は湾岸戦争の空爆作戦には限定的にしか反映されなかった。

そのあとに米国で発達する爆撃思想が「効果中心の作戦（effect-based operations）」である。これは、爆撃を行う際に、まずは「どのような効果を与えたいか」から逆算して具体的な攻撃方法を検討していく考え方である。まず「効果」を明確化したあとで、物理的な破壊を必要とするか、心理的な影響を与えることを重視するかを検討し、その上で具体的な攻撃目標を選定していくプロセスを取る。[7]

ロシア独自の爆撃理論

ただいずれにしても、まずは相手の防空網を無力化して航空優勢を獲得することが前提になる。航空優勢を獲得できていれば、必要な爆撃目標を自由に攻撃できるからである。しかし、ロシア・ウクライナ戦争で明らかになったのは、米国の戦略爆撃理論はあくまで米国で発達したものであり、ロシアはまた別の理論を持っていることであった。

２０２２年2月24日の開戦直後から、ロシアはウクライナに対して空爆を行っている。しかし、ウクライナの航空戦力を完全に撃破するには至らず、航空優勢を確立することはできなかった。そしてロシアは、航空優勢を確立できていないにもかかわらず、ウクライナの航空戦力に対する攻撃だけでなく、都市攻撃も合わせて行ったのである。

これが米国であれば、航空優勢を確立するまで航空戦力に対する攻撃を行い続けたであろう。これは別に人道的とかそういうことではなく、航空優勢を獲得できれば軍事目標だろうと都市だろうと自由に攻撃できるからである。

しかしロシアは、結果的に軍事目標と都市とにミサイルを2分する形で使うことになり、いずれも十分な効果を上げることができなかった。この点についてロシア軍事の専門家の小泉悠は、ロシアに精密誘導兵器を使用した都市爆撃という思想があり、その思想の影響を受けた作戦であると指摘している。[8]

その一方で、2022年10月以降に行われたロシアのウクライナの電力施設に対する攻撃は、ファイブリングモデルを援用すると理解しやすい。ファイブリングモデルの中心から2つ目にあるエネルギー関連施設を攻撃することで、外側の3つの同心円、すなわちインフラ、民間人、軍隊の行動を麻痺させようとしたのである。

ただこれも、現在の米軍の爆撃理論とは異なるものであるから、効果的かどうかは別にして、ロシアはロシアで独自の爆撃理論を発達させてきたと推測できる。ここからわかるように、「どのような目標を爆撃しているか」ということもまた、戦争を分析する大きな手がかりになるのである。

3. 航空自衛隊

本章では、航空戦を分析する上でのポイントを説明してきたが、最後に、現在の航空自衛隊がどのような考え方で整備されているのかについて簡単に紹介しておこう。

2022年12月に策定された「戦略3文書」のうち「防衛力整備計画」において、10年後の航空自衛隊の兵力構成が以下のように示されている。

主要装備として作戦用航空機430機、うち320機が戦闘機とされ、主要部隊として航空警戒管制部隊として4個航空警戒管制団と1個警戒航空団、戦闘機部隊13個飛行隊、空中給油・輸送部隊2個飛行隊、航空輸送部隊3個飛行隊、地対空誘導弾部隊4個高射群（24個高射隊）、宇宙領域専門部隊1個隊、無人機部隊1個飛行隊、作戦情報部隊1個隊が示されている。ここから、航空自衛隊は、戦闘機に加え、輸送機や空中給油機を有し、また戦闘機だけではなく地対空ミサイルによる防空も担っていることがわかる。

もともと、戦前の日本には独立空軍は存在しなかった。海軍と陸軍がそれぞれに航空戦力を整備していた。当時は米国にも独立空軍はなかったから、日本だけが出遅れていたわけではないが、第2次世界大戦における航空戦力の急激な発達もあり、戦後になって自衛隊を発足させたときに、独立した軍種として航空自衛隊が設立された。

航空自衛隊は、防空任務を主要な任務として整備され、300機近い戦闘機を中心に、射程距離の長い広域防空用の地対空ミサイルも併せて運用している。

急増するスクランブル

航空自衛隊は、平時においても対領空侵犯任務に就いている。これは、領空侵犯をする可能性のある飛行物体に対して、スクランブルと呼ばれる緊急発進を行ってその動向を監視し、状況によっては領空に入らないように警告する任務で、戦闘機の配備されている基地では「5分待機」として5分以内にスクランブル発進ができる機体が割り当てられている。基盤的防衛力構想に基づいて自衛隊が整備されていた時代には、自衛隊の戦闘機の数はこの対領空侵犯任務を行うのに必要な数を、整備などの所要も踏まえて満たす、という観点から導き出されていた。

ただし、スクランブルを行うためにはまず飛行物体を探知できなければならない。不審な飛行物体を探知した上で、現在の日本で言えばＪＡＤＧＥ（自動警戒管制）システムと呼ばれる統合防空システムの指揮統制の元でスクランブルに飛び立った戦闘機が目標に接近していく。

これが機能しなかったのが１９７６年の函館ミグ25亡命事件である。このときは、ソ連のミグ25がレーダーに探知されにくい低空を侵入して函館空港に強行着陸して、パイロットのヴィクトル・ベレンコ中尉が亡命を求めた。地球の丸みの影響を受け、レーダーの電波は水平線の向こうには届かないので、地上配備のレーダーが低空の飛行物体を探知できる距離には限界がある。そのため、この低空侵入を、当時の航空自衛隊のレーダーは捕捉することができなかったのである。この事件を受け、航空自衛隊は早期警戒機であるＥ－２Ｃを導入することとした。早期警戒機はレーダーを積んだ飛行機なので、それだけ遠くの目標を探知できるからである。

なお、同じようにレーダーを積んだ飛行機でも、「早期警戒機」と「早期警戒管制機」とがある。航空自衛隊では、Ｅ－２Ｃとその後継機であるＥ－２Ｄが早期警戒機であり、Ｅ－７６７が早期警戒管制機となる。

この両者の違いは「管制」がつくか否かであり、文字通り、機体から戦闘機を管制して迎撃のための指示を行えるのが早期警戒管制機であり、機体に積んでいるのはレーダーだけで、戦闘機の行動についての管制は地上から行う必要があるのが早期警戒機である。E－2Cはもともと米空母に搭載するための艦載機であり、管制自体は空母から行うことが前提となるため、こうした機能上の相違が生まれている。

このスクランブルの回数が過去20年で急増しており、2022年では778回と、2002年の188回と比べて約4・1倍のスクランブルが行われている。[9]それだけ、日本周辺の安全保障環境が悪化しているということでもある。海上自衛隊同様、活動量が大幅に増加しているにもかかわらず、防衛費が横ばいであったことから、現場に大きな負担がかかっていた。

例えば、2022年8月に防衛省が公表した概算要求資料の中に、「共食い整備」が行われているとの項目がある。[10]これは、整備部品が足りないがゆえに、使える機体から部品を抜き取って一部の機体だけを飛べるように整備する方法である。これを行うと実動可能な機体の数が減少するが、予算の制約もあり十分な整備部品が前線に供給されない一方で、実任務が増大していたことからやむなく行われていた方法であった。

2022年12月に日本政府は、防衛費を大幅に増額することを決め、今後5年間で43兆円を防衛費に充てるとしたが、そのうちの35％が持続性や強靭性の強化に振り向けられるとされた。この予算が、「共食い整備」などの問題の解決に使われる。これにより、自衛隊全体の装備の可動率を高めていくとされている。

弾道ミサイル防衛の中核を担う

防空に加えて、航空自衛隊の果たしている重要な任務の1つにBMD（弾道ミサイル防衛）がある。特に東アジアにおいては、弾道ミサイル脅威が深刻化しており、北朝鮮も中国も多数の地上発射型の地上攻撃用ミサイルを配備している。そのため、日本と同盟国の米国は、ミサイル脅威に対する物理的な防護力としてBMDを整備してきた。

1998年8月に北朝鮮のテポドンミサイルが日本の領域上空を横切るように発射されたことは日本に衝撃を与えた。北朝鮮のミサイル脅威が強く実感されたのである。そこで、まず同年12月に、日米でBMD共同技術研究を開始することで合意した。これは、当時海上配備型上層防衛システム、現在ではイージスBMDと呼ばれるようになったシステムについての技術研究である。

当時、日本のBMDは3段階で進められることになっていた。第1段階が研究、第2段階が開発、第3段階が配備である。これは段階的に進めることとされ、第1段階で研究されていたものがそのまま配備されるとは限らないというものであった。

実際、弾道ミサイル脅威の深刻化に伴い、日本は2003年12月に安全保障会議および閣議決定を行い、ＢＭＤの配備を決定する。このとき配備が決められたのは、この時点で既に導入可能だった、イージスＢＭＤのうちのスタンダードミサイルブロックⅠＡと、パトリオットＰＡＣ３であった。迎撃高度の高いイージスＢＭＤが広域防衛を担い、迎撃高度の低いパトリオットＰＡＣ３が重要拠点にもう１層の迎撃網を展開する。

このうち、パトリオットＰＡＣ３は航空自衛隊の装備だが、イージスＢＭＤは海上自衛隊の装備である。そのため、ＢＭＤは航空自衛隊と海上自衛隊にまたがる形での統合運用がなされており、イージスＢＭＤを含めた日本のＢＭＤシステム全体を運用するのが、航空自衛隊のＪＡＤＧＥシステムである。

ＪＡＤＧＥシステムを通じて、米国の早期警戒衛星の情報や固定式レーダーやイージス艦のレーダーの情報が総合され、全体の迎撃の戦闘管理および指揮統制がなされる。その意味で、航空自衛隊はＢＭＤの中核を担っていると言える。

難しいミサイルランチャーへの攻撃

さらに、２０２２年の「戦略３文書」で反撃能力（敵基地攻撃能力）の保有が決定されたことは、航空自衛隊の歴史上非常に大きな変化をもたらす可能性がある。反撃能力について、これまで日本は、憲法上は認められているが、政策上保持しないという選択をしてきた。そのため、航空自衛隊は、攻勢対航空作戦を実施する能力を持たず、防勢対航空作戦のみを行う航空戦力として整備されてきた。

一方、航空優勢を巡る戦いにおいて、攻勢対航空作戦を一切行わないとかなり不利な立場におかれる。そのため、日米の役割分担として、「矛」と通称される攻勢対航空作戦は米軍に依存するとされてきた。しかし、最近では攻勢対航空作戦は、航空優勢の獲得以外の目的も持つようになってきている。それがＢＭＤの支援として行われる、相手の地上攻撃用ミサイルに対する攻撃である。そして日本も、「戦略３文書」の中で、反撃能力を整備することとした。

ところで中国も北朝鮮も、地上攻撃用ミサイルは移動式のミサイルランチャーに搭載されている。つまり、攻撃するための前提となる探知がそもそも難しい。仮に探知できたとしても、攻撃部隊にほぼリアルタイムで伝達しなければ、絶えず移動可能な相手のミサイルランチャーは姿を消してしまうかもしれない。

湾岸戦争では米軍はイラクの移動式ミサイルランチャーを撃破するために、大規模な航空作戦を実施したが、ほとんど成果を挙げられなかったことが戦後の検証で明らかになった。[11]米軍はその後、移動する目標を捕捉し、攻撃するための能力を大幅に強化したが、それが難しいことに変わりはない。

特に、相手の移動式ミサイルランチャーの居場所を特定し、それを攻撃機にリアルタイムで伝達するのは困難である。こうした作戦では、相手の居場所を探知するための情報収集用のアセットや攻撃用の機体はいくらあっても十分ということはない。

航空自衛隊が反撃能力を整備していくにあたっての1つの論点は、米軍が既にそうした能力を持っているのに日本が保有する意味がどれほどあるのか、ということであった。しかしこの点について回答を見いだすのは難しいことではない。

前述のように、ミサイルランチャーを攻撃する作戦を行うためには、「量」はいくらあっても十分ではないのである。そのため、日本がある程度の能力を整備できれば、米軍を量的に補完することになり、日米同盟全体としてみれば能力が確実に強化されるのである。ただし、航空自衛隊はこれまで、防勢対航空作戦を行うためだけに探知―攻撃サイクルを支える装備を整備してきた。今後、反撃能力を用いて攻勢対航空作戦を行うとすれば、新たな形で探知―攻撃サイクルを整備していかなければならない。これは航空自衛隊にとって大きな転換点となっていくだろう。

ミサイル脅威が深刻化している現在、日本が行った反撃能力保有に向けた決断は、戦略上は合理的なものである。そしてこれに伴って、航空自衛隊の作戦の有り様が大きく変わっていくこととなるだろう。

注

1 Williamson Murray, "Strategic Bombing: The British, American, and German Experiences," in Murray and Millett eds., *Military Innovation in the Interwar Period*, pp. 96-143.

2 John Warden III, *The Air Campaign: Planning for Combat*, (iUniverse, 1998).

3 Warden, *Air Campaign*.

4 Warden, *Air Campaign*.

5 Alan Beyerchen, "From Radio to Radar: Interwar Military Adaptation to Technological Change in Germany, the United Kingdom, and the United States," in Murray and Millett eds., *Military Innovation in the Interwar Period*, pp.265-299.

6 Warden, *Air Campaign*.

7 Paul K. Davis, *Effects-Based Operations: A Grand Challenge for the Analytical Community*, (RAND Corporation, 2001).

8 高橋杉雄、小泉悠「【緊急対談】ロシア軍「不可解な作戦」から見えるプーチンの本音（下）」国際情報サイト「新潮社フォーサイト」（２０２２年5月10日）、https://www.fsight.jp/articles/-/48857.

9 統合幕僚監部「２０２２年度（令和４年度）緊急発進実施状況について」（２０２３年４月18日）、https://www.mod.go.jp/js/pdf/2023/p20230418_02.pdf.

10 防衛省「我が国の防衛と予算：令和５年度概算要求の概要」（２０２２年８月31日）、19頁、https://www.mod.go.jp/j/budget/yosan_gaiyo/2023/yosan_20220831.pdf.

11 Department of Defense, *Gulf War Air Power Survey*, Volume I, Part II, (Washington,D.C.:GovernmentPrintingOffice,1993), p. 189.

［第6章］

宇宙・サイバーや新興技術と軍事

ここまでの3章では、陸・海・空それぞれにおいて、戦闘がどのように行われるか、それをどのように分析するのか、そして自衛隊はどのような態勢をとっているのかについてみてきた。この、陸・海・空をそれぞれ、英語では「ドメイン」と言うことがある。日本語では「領域」と訳される。

この「領域」として、近年、重要性が増していると考えられているものが宇宙空間とサイバー空間であり、これらを「新たな領域」と呼ぶこともある。それは、宇宙空間とサイバー空間をどう利用するか、あるいは相手の利用をどのように妨害するかが、陸・海・空といった従来の「領域」における作戦に大きく影響するからである。

本章では、この宇宙・サイバーがどのようにいまの戦争に影響するのか、そして宇宙・サイバーに限らず、進展著しい技術が今後どのように戦争に影響を及ぼしていくのかについて考察する。なお、伝統的な陸・海・空のことを「物理空間」と総称する。宇宙空間も実際には物理空間だが、後述するとおりそこには人類が恒久的に居住しているわけではなく、実際には通信経路や人工衛星を配置する「場所」として使用しているだけなので、陸・海・空とは区別する。

1．全体的な特徴

宇宙空間の軍事利用は、既に冷戦期に始まっていた。というより、そもそも軍事利用を目的として、宇宙開発は始められた。それは敵国の地上を監視する偵察衛星や相手のミサイル発射を探知するための早期警戒衛星、本国から遠く離れた部隊と通信回線をつなぐ通信衛星、艦艇や航空機の後方を支援する測位用の衛星など、多岐にわたるものであった。

中でも偵察衛星は、米ソ双方の核戦力の動向を探知する上で重要な役割を果たしていた。それぞれの国の情報活動として利用されるだけでなく、１９７２年に締結された米ソの第１次戦略兵器制限条約（ＳＡＬＴ Ｉ）で、お互いが条約の上限を守っているか確認するための「国家技術手段」として衛星の使用が盛り込まれるなど、米ソの各バランスを支える上でも重要な役割を果たすこともあった。[1]

こうした、宇宙の軍事利用の威力が示されたのが、1991年の湾岸戦争であった。米国は、本土から見て地球の裏側に大部隊を展開させたが、それらを本国から全く問題なく指揮した。湾岸戦争の地上戦は、目印のない砂漠で戦われたが、GPSで自らの座標を確認することで、内陸部を迂回機動した部隊を含めて位置を見失う部隊は出ず、一糸乱れぬ形で部隊を連携させて戦うことができた。また、早期警戒衛星によって瞬く間にイラクのスカッドミサイル発射を探知し、パトリオットミサイルによる迎撃を行った。

その後も、米軍は、精密誘導兵器にGPS誘導システムの導入を進めていく。典型的なものは統合直撃弾（JDAM）と呼ばれるもので、これは在来型の無誘導爆弾に、GPS信号の受信機と方向制御システムを組み込むことで、安価に在来兵器の精密誘導化を進めたものである。JDAMは、1999年のコソボ空爆で大規模に使用され、大きな効果を上げることになる。[2]

そして、現在行われているロシア・ウクライナ戦争は、宇宙の軍事利用の新たな形態が始まったことを示している。民間の宇宙システムの軍事利用である。

有名なのは、開戦まもなくウクライナに提供されたスターリンクシステムである。これはスペースXという米国企業が、地上の基地局がなくてもインターネットに接続できるように提供しているサービスである。ウクライナはこれを利用し、前線でのドローンのコントロールや、砲撃の管制に使用している。[3] 他にも、マクサーテクノロジーズなどが提供している地上の衛星画像を、ウクライナ軍は利用している。

湾岸戦争が宇宙の軍事利用の威力を見せつけたとすれば、ロシア・ウクライナ戦争は、民間の宇宙システムがいまや軍事利用も可能なほどのレベルにまで進歩しており、これらを利用することで、自国は宇宙システムを運用していなくても、十分宇宙の軍事利用を行えることを示している。[4]

ロシアのサイバー攻撃

サイバー空間の開発もまた、軍事利用とともに始まっている。そもそもインターネットそのものが、核戦争下でもデータ通信が可能なように考案されたネットワークシステムであり、もともとは米軍が使用していたものである。その後インターネットは民間に開放され、現在の社会生活に深く浸透している。そのため、インターネットを通じた電子的攻撃が懸念されるようになった。

実際の戦争でサイバー攻撃が行われた最初の事例は定かではないが、21世紀には様々な形のサイバー攻撃が行われるようになり、軍事作戦と連携したわけではないが、２００７年にはロシアがエストニアに対してサイバー攻撃を行っている。また、２０１４年のロシアのクリミア併合に際しても大規模なサイバー攻撃が行われており、ウクライナ軍が有効な対応ができなかった大きな原因となった。その後はウクライナ軍が防御のための措置を講じたために効果を上げるには至らなかったが、ロシア・ウクライナ戦争においても、軍事行動が始まる前にサイバー攻撃が行われている。[5]

こうした形で、現在の軍事作戦においては、宇宙空間とサイバー空間を巡る攻防の重要性が著しく増大しているのである。

2. 分析のポイント

(1) 宇宙・サイバーと探知―攻撃サイクル

宇宙空間やサイバー空間の利用能力の重要性は大きく高まっているが、それらの能力は、物理空間の軍事力の重要性に置き換わるには至っていない。なぜなら、軍事力はステートクラフトの手段として、何らかの戦略上の目的を達成するために使用され、その目的はほぼ間違いなく陸・海・空のような物理空間にあるからである。

宇宙空間にはごく一部の人間しか滞在しておらず、恒久的に居住している人類はいない。もちろんサイバー空間に居住している人間もいない。戦争のほとんどは、生活空間の争奪を巡るものであるが、宇宙空間やサイバー空間はそもそも争奪の対象にはならない。むしろ、宇宙空間やサイバー空間は、物理空間における軍事作戦を支援するために利用されているのである。

もちろん、サイバー空間のルールを巡る国家間対立はあるし、仮想的なシナリオとしてそれが武力衝突にエスカレートすることも考えられないわけではないが、その場合、目的となるのは相手国の政策決定者の政策選好を変えさせて、自国の主張を受け入れさせることとなろう。そして相手国の政策決定者は物理空間に存在するのだから、仮にサイバー空間におけるルールの在り方を巡る紛争であったとしても、軍事作戦自体はサイバー空間に限定されることなく、むしろ物理空間における行動を中心に展開されることになるだろう。ここでは、この点について詳細に考えてみる。

フォース・マルチプライヤー

繰り返しになるが、「戦争の新たな領域」とも呼ばれる宇宙空間やサイバー空間だが、伝統的な領域である陸・海・空とはやはり性格が異なる。宇宙空間の特定の座標やサイバー空間の特定の領域（サイバー空間に領域という概念があるならばだが）を獲得することが戦略上の目標として設定されることはない。中国の最優先の戦略目標が台湾統一であるとするならば、戦略上の目的は物理空間に存在する台湾という島であり、現在のロシアのウクライナ侵攻におけるロシアの戦略上の目標もやはり物理空間に存在するウクライナである。

このように、現実世界の戦略上の目的が物理空間に存在している以上、宇宙であれサイバーであれ、他の伝統的な物理領域で作用する「力」と組み合わされて戦略上の「目的」の達成のために使用されることになる。その意味で、新領域と呼ばれる宇宙・サイバーの軍事的な役割とは、陸・海・空の軍事力のような物理的な能力を増幅する作用や相手の物理的能力の効果を低減する働きである。これは、他の戦力の効果を増幅するという意味で、フォース・マルチプライヤーと呼ばれる。

それが特に具体的に表れるのが、探知―攻撃サイクルとなる。まず探知そのものである。第3章から第5章までで述べたように、物理空間におけるセンサーも敵を探知するが、戦線のはるか後方の目標を探知するためには、偵察衛星のような宇宙空間のセンサーが必要になる。そして、探知―攻撃サイクルでは、敵の情報を他の味方に伝えることが必要になる。探知できた情報も、味方のシューターに伝えられなければ、攻撃につなげることができないからである。

偵察衛星、衛星通信、ネットワークの役割

コンピュータ化が進む前は、これは無線を通じて人間の声で伝えるしかなかったが、現在では、データ化された情報がネットワークを通じて共有される。センサーが得た情報を、相手より早くシューターに伝え、攻撃を加えることができれば戦場において優位に立てるので、現在では、個々のプラットフォームの性能よりも、それらを結びつけるネットワークの能力こそが重要だと考えられている。

これが、第4章と第5章で触れた「ネットワーク中心の戦い」の基本的な発想である。宇宙とサイバーは、このネットワークをつなぐ上で重要な役割を果たす。偵察衛星のような宇宙空間のセンサーは敵を探知する上できわめて重要であり、衛星通信は、地球の丸みの影響を受けずにネットワークを接続するために必要となる。

そして、ネットワークをつなぐ上では、サイバー空間を確実に利用できることが不可欠となる。なぜなら、サイバー攻撃によってネットワークが停止したり、情報が書き換えられたりしたら、探知―攻撃サイクルが機能しなくなってしまうからである。

逆に言えば、宇宙空間やサイバー空間で優位に立てば、相手の探知－攻撃サイクルを機能不全に追い込むことができる。このように、宇宙空間やサイバー空間での優劣は、陸・海・空の戦闘に大きな影響を与えるようになってきているのである。

（2）宇宙空間の軍事利用とカウンタースペース能力

宇宙空間の軍事的利用は、現在のところ3つに大別できる。第1は、ＩＳＲである。ＩＳＲとは、情報収集、監視、偵察を総称したもので、基本的には地上や宇宙空間の状況を把握するための行動と理解できる。そもそも冷戦期に最初に発達した宇宙空間の軍事利用は、偵察衛星としてのものであった。宇宙利用を先行させたのは米国とソ連だが、それぞれが多数の偵察衛星を打ち上げて相手の軍事基地の情報を収集したのである。

言うまでもなく、偵察衛星が使用され始めた１９５０年代にはデジタルカメラなど存在しない。そのため、偵察衛星はフィルムで撮影しなければならなかった。そうなると写真をどのように地上に送り届けるかという問題が生じる。

この時代は、撮影後のフィルムを地上に投下し、それを回収して写真を手に入れていた。そのため、リアルタイムに近い形で情報を手に入れることは不可能であった。それができるようになるのは、写真がデジタル化され、無線で伝送できるようになったもっと後の時代のことである。

現在では、光学的な写真だけでなく、合成開口レーダーを用いて電波で撮像した映像も使われるようになっている。電波は解像度が落ちるが、天候の影響を受けない。つまり雲があっても、その下の情報が収集できるのである。

静止軌道に浮かぶ早期警戒衛星

さらに、米ソは、相手の核ミサイルの発射を探知するための早期警戒衛星も打ち上げた。偵察衛星は、精細度の高い写真を撮影するために、通常、低い軌道を飛んでいる。しかし低い軌道の場合、地表面との相対速度が非常に大きいため、同じ場所を永続的に監視できるわけではない。むしろある一点の上空はすぐに通過してしまう。そのため、多くの地点の情報を収集するには多くの衛星を打ち上げる必要がある。

一方、早期警戒衛星の場合、必要なのは、相手のミサイルが発射されるときに発する強い赤外線を捉えることであり、精細度はそれほど高くなくても良い。加えて、相手のミサイルの発射場所はおおむねわかっている。ソ連からすれば米国本土、米国からすればソ連本土である。

だとすれば、偵察衛星のように低い高度を飛ばす必要はない。地表から3万6000キロ離れている静止軌道であれば、低軌道衛星のような精細度の高い写真は撮影できないが、ミサイルが発する赤外線を捉えるには十分である。そして静止軌道であれば、地表面との相対速度はほぼゼロであるから、24時間365日同じ場所で、相手のミサイル発射があるかどうかを監視できる。そこで米ソは、相手国上空の静止軌道に、赤外線センサーを積んだ衛星を配備したのである。

地球の丸みの影響を排除できる衛星通信

第2は、衛星通信である。これまで述べてきたように、軍事作戦は地球の丸みの影響を強く受ける。相手を探知するときに限らず、味方同士で通信する場合にも当てはまる。波長が長いものや電離層で反射される短波を除けば、電波もやはり、水平線の向こう側には届かないからである。

ところが、衛星通信はこの地球の丸みの影響を排除することができる。衛星軌道で電波を中継して地上に送出すれば、地球の丸みを越えて、地平線の向こうにいる味方部隊とも通信できるようになるのである。通信ができなければ指揮ができない。指揮ができなければ連携した作戦ができない。現在の軍事作戦、特に海上戦や航空戦のように、物理的に広い空間で戦闘が行われる場合、衛星通信は不可欠になっている。

ただ、通信衛星は、広い宇宙空間の中ではほんのかすかな点であるから、パラボラアンテナを使って収束させた電波を衛星にピンポイントで向けなければならない。偵察衛星に使われるような低軌道だと、地表との相対速度が大きく衛星通信に使うのは難しい。地表から見て、絶えず移動する衛星にパラボラアンテナを向け続けるのは難しいからである。

そのため、一般的に、通信衛星は静止軌道に配置される。静止軌道であれば地表との相対位置は変わらないため、パラボラアンテナを向けやすいし、高度が高いため、電波を地上に再送信するときも、カバーできるエリアが広いからである。なお、最近のスターリンクのように、「コンステレーション」として多数の衛星を連携する場合には、低軌道でも衛星通信を機能させることができる。スターリンクでは、1つの軌道に、通信リンクが設定された多数の衛星を数珠つなぎで飛翔させている。そのため、軌道にアンテナを向け続けることで、どれかの衛星が通信を受けて中継することができるからである。

GPSなどの衛星測位技術

第3は、衛星測位である。これは英語では精密・航法・時間（precision, navigation, timing）と呼ばれ、宇宙空間に多数の衛星を飛ばし、そこから位置信号と時間信号を受け取ることで、自分の精密な位置を割り出すものである。米国のGPSが代表的だが、他にもヨーロッパのガリレオ、ロシアのグロナス、中国の北斗、日本のみちびきがある。

現在の精密誘導兵器の多くは、GPSなどの衛星測位技術を使用することで、正確に目標に命中させることができる。また、海上戦の項で述べた、対艦ミサイルの同時弾着攻撃を行うためには、艦艇や飛行機が異なる場所から、異なる速度の対艦ミサイルを、正確にタイミングを同調し、発射しなければいけない。そのために必要な時間データも、衛星測位システムから提供される。

衛星測位システムは、三角測量の原理で自分の位置を割り出すものであるから、人工衛星は低軌道で良い。むしろ低軌道の衛星を多数飛ばし、必ず複数の衛星からの電波を受信できるようにすることで、自身の正確な位置を割り出せるようにするシステムである。しかし、逆に言えば、似た電波を発振すれば衛星測位システムを攪乱できるということでもある。

実際、イラク戦争の頃から、GPS誘導される米国の精密誘導兵器を妨害するためのGPSジャミングは行われている。ロシア・ウクライナ戦争でも、米国からウクライナに提供された、GPS誘導によって攻撃を行うHIMARSなどのシステムに対するGPSジャミングが行われていると報じられている。そのため、実際の戦場においては、衛星測位システムに加え、バックアップシステムが用意される。例えば、ミサイルの加速度を検知して、飛行距離を算定する慣性誘導システムや、地上の地形を読み取って飛行する地形等高線照合誘導システムのように、衛星測位システムに依存しないですむ方法である。

「カウンタースペース能力」の実態

このように、宇宙の軍事利用はその目的によって具体的な姿が大きく異なってくる。そのため、相手の軍事利用を妨害しようとする場合も、その具体的な態様は変わってくる。

相手の宇宙空間の利用を妨害する能力のことを「カウンタースペース能力」と言うが、これは大別して2つある。1つが、相手の衛星を文字通り破壊する物理的攻撃である。2007年に中国が、対衛星攻撃兵器の実験を行い、多数のスペースデブリを発生させたが、そうした攻撃が含まれる。[6] 物理的攻撃は、この中国のASAT（Anti-Satellite Test／衛星破壊実験）のように、地上からミサイルを発射して衛星を破壊する方法と、人工衛星として打ち上げられ、軌道を変えながら他の衛星を破壊する方法とがある（同軌道ASATないしキラー衛星と呼ばれる）。

もう1つが非物理的攻撃で、妨害電波を発したり、偵察衛星のカメラにレーザーを照射したり、あるいは衛星コントロールシステムへのサイバー攻撃で衛星を使えなくする攻撃である。

例えば、ＩＳＲだが、一般的に見て、地上を監視する偵察衛星は低軌道にあり、１機の衛星でカバーできる範囲が小さいため、多くの衛星を打ち上げて運用することが多い。そうなると、物理的攻撃ですべてを破壊することは難しい。そこで、光学監視衛星に対しては、地上からレーザー光線を照射してカメラによる撮影が正常に行われないようにしたり、合成開口レーダーに対しては妨害電波を発振してやはり正確な画像が撮像できないようにするといった妨害手段が効果的である。

一方、通信衛星は、レーザー光線を照射しても無意味であるし、通信電波を妨害するのも難しい。しかし、一般的に通信衛星は静止軌道という高い軌道にあるものの、数が少ないため、物理的攻撃が有効になると考えられる。

衛星測位については、非常に数多く衛星を運用するため、物理的攻撃は有効ではない。むしろ、前述の偵察衛星に対するのと同じく、地上に電波妨害装置を設置するダウンリンク・ジャミングが行われると考えられる。

なお、多数の衛星を連携させて運用させるコンステレーションと呼ばれる方法を用いているスターリンクのような衛星に対し、物理的攻撃は無意味である。スターリンクは数千の衛星を運用しており、物理的攻撃で無力化するのは単純に数量の面で不可能である[7]。このようなコンステレーションに対しては、サイバー攻撃の方が有効であろう。このように宇宙空間とサイバー空間とを区別することそれ自体にあまり意味がなくなりつつある。

(3) サイバー空間とエスカレーションリスク

前述のように、インターネットはもともと軍事技術であり、軍事と切り離してサイバー空間を考えることはできない。一方、現在の社会生活をインターネットと切り離して考えることもできない。そのため、もはやサイバー攻撃は、相手の軍に対してではなく、相手の社会に対して行われるものの方が懸念されるようになってきている。

軍のネットワークは、民間のインターネットとは物理的に切り離すことが多い。これをエアギャップという。あるいは接続されている場合は、接続箇所を限定してそこを厳重にチェックする形が取られることもある。その意味で、軍のネットワークは相対的に安全だとされてきたが、２００９－10年に発生したスタックスネット事件が大きく認識を変えることとなった。

スタックスネット事件は、イランの核開発プログラムのうち、遠心分離機に不具合を発生させるマルウェア（デバイスに不利益をもたらす悪意のあるプログラムやソフトウェア）が発見された事件である。このマルウェアをスタックスネットといい、イスラエルが開発したと考えられている。

イランは、エアギャップを設けて遠心分離機を作動させていた。普通であれば、エアギャップを設けたシステムにマルウェアが感染することはない。しかし、スタックスネットは、ＵＳＢメモリに潜み、そのＵＳＢメモリが遠心分離機を制御していたコンピュータに接続されたことで、エアギャップを越えて感染し、遠心分離機の制御を妨害したのである。

こうしたＵＳＢメモリを通じたリスクに加え、最近では、システムを設計し構築したときに、悪意のある企業が関わって隠密裡にセキュリティホールやアクセス経路を設定したり、あるいはマルウェアを埋め込む可能性があると考えられており、完全に安全なネットワークはないと考えられるようになっている。

狙われる民間のインターネット

サイバー攻撃の標的として、軍のネットワーク以上に懸念されているのが、民間のネットワークである。特に、現在の社会生活はインターネット抜きで考えられない以上、ある種の戦略攻撃として、相手の社会インフラに対してサイバー攻撃をかけてくる可能性は否定できない。この際に想定されている一般的な手法は３つある。

１つは、アクセス拒否攻撃と呼ばれるものである。あるサーバーに多数のアクセスを集中させることで、そのサーバーを機能不全に追い込むものである。これはあくまでインターネット上のサービスを麻痺させるものでしかないから、ネットバンキングであるとかネットショッピングにしか影響は出ないが、それでも社会生活が大きな影響を被ることは明らかであろう。

2つ目は、クラッキングと呼ばれる、相手のシステムへの侵入である。これはハッキングとも呼ばれるが、パスワードを窃取したりセキュリティホールを利用したりしてセキュリティを突破し、相手のネットワークに侵入してデータを書き換えたり、誤ったデータを流し込むことである。

先に述べた通り、軍事的に用いられるネットワークはエアギャップを設けるなどして、こうしたリスクを局限することが通例だが、スタックスネットの例やサプライチェーンリスクなどもあることから、エアギャップは完璧ではないと考えられるようになってきている。1993年に公開されたアニメ映画の『機動警察パトレイバー2』で、自衛隊の統合防空システムであるBADGEシステム（JADGEシステムの前身）が、クラッキングされて誤情報を表示する場面があるが、それがこうしたサイバー攻撃の例と言える。

最も深刻に懸念されるマルウェア

3つ目は、マルウェアと呼ばれる、コンピュータウイルスをシステムに忍び込ませ、それを起動することによって相手のシステムを麻痺なり誤動作に追い込むものである。このマルウェアを埋め込むには、インターネット接続を通じて相手のシステムに侵入して埋め込むか、あるいはそもそも社会インフラを運用するソフトウェアを作成するときに埋め込んでしまう方法がある。これは、サプライチェーンを考慮すれば、理論上いかなるシステムにも侵入され得るもので、現在最も深刻に懸念されている攻撃でもある。

ただし、1つのマルウェアは1回しか起動できないことがポイントとなる。なぜならば、一度マルウェアを起動して特定の社会インフラを麻痺させた場合、システムが点検されてそのマルウェアは除去されてしまうからである。この点は軍事の面から見ると重要な意味を持つ。「1回しか起動できない」とすれば、決定的なタイミングでそれを起動させるであろうからである。だとすれば、攻撃側はあるタイミングで複数のマルウェアを起動し、相手を混乱に陥れようとするであろう。

これは、紛争がある段階で急激にエスカレートするであろうことを意味している。危機管理においては、紛争は段階的にレベルを増していくという「エスカレーション」という概念がある。これは、交戦国はむやみやたらに戦火を拡大したり攻撃の激しさを増していこうとせず、一定の段階ごとに紛争のレベルをコントロールしようとするだろうという前提に基づく考え方である。

ここで言う紛争のレベルとしては、例えば交戦地域の地理的な範囲、攻撃目標として軍事目標に限定するか民間目標も含むか、あるいは攻撃手段を通常戦力にとどめるか核兵器の使用に踏み込むかといったものがある[8]。ただし、エスカレーションのレベルについては、何らかの絶対的な基準があるわけではなく、あくまでも交戦国がお互いに設定する「相場観」みたいなものでもある。

エスカレーションに与える影響

エスカレーションとは、冷戦期に、核兵器の使用をどう制御するかといった問題意識から形成されてきた概念であるが、現在では、宇宙・サイバーといった領域が戦争に加わることで、このエスカレーションの力学がどう変わるかというのが1つの論点となっている。

この観点から見ると、マルウェアが「1回しか起動できない」のは大きな問題を引き起こす可能性がある。同時多発的にマルウェアが起動し、社会インフラを麻痺させることがあれば、攻撃を受けた側は、相手側は攻撃を急速にエスカレートさせたと判断し、やはり大規模な反撃に踏み切る可能性が高いからである。ただし、この点については今のところ結論には至っておらず、今後も研究が必要な論点ではある。

なお、現在では、民間のネットワークと軍のネットワークとは厳密に区別できなくなってきている。民間の通信事業者の通信ネットワークを借り上げて軍が自らのネットワークを構築することはしばしばあるし、公共輸送や電力など、一般の重要インフラに軍の活動が依存することも珍しくない。そう考えると、一般の社会インフラに対するサイバー攻撃が軍事的なインパクトを持つことも考えられるような時代になってきているのである。

3. 自衛隊と宇宙・サイバー

最後に、宇宙空間とサイバー空間について、現在の自衛隊の取り組みを見てみよう。2022年12月に策定された「防衛力整備計画」の別表3を見てみると、共同の部隊としてのサイバー防衛部隊が1個防衛隊（2022年3月に新編されたもの）、航空自衛隊の宇宙領域専門部隊が1個隊含まれている。

自衛隊の宇宙・サイバーへの取り組みはそれほど長い歴史を持つものではない。日本の防衛政策は、防衛大綱ないし国家防衛戦略（2022年以降）で示されるが、最初に宇宙とサイバーに言及されたのは2010年版の防衛大綱である。ただこのときには総論的な記述に留まっており、具体的な事業につながる記述が盛り込まれるようになるのは2013年版の防衛大綱である。

このときは、「様々なセンサーを有する各種の人工衛星を活用した情報収集や指揮統制・情報通信能力を強化するほか、宇宙状況監視の取組等を通じて衛星の抗たん性を高め、各種事態が発生した際にも継続的に能力を発揮できるよう、効果的かつ安定的な宇宙空間の利用を確保する」「サイバー空間における対応については、自衛隊の効率的な活動を妨げる行為を防止するため、統合的な常続監視・対処能力を強化するとともに、専門的な知識・技術を持つ人材や最新の機材を継続的に強化・確保する」とされた。その後、具体的な事業が進められてきている。

スペースデブリを把握する

日本では宇宙作戦は航空自衛隊が担当することとされているが、2020年に宇宙作戦隊を新編し、各部隊の上級部隊としての宇宙作戦群が2022年に新編されている。引き続き、第1宇宙作戦隊、第2宇宙作戦隊、宇宙システム管理隊が編成されている。また、「防衛力整備計画」では、航空自衛隊を航空宇宙自衛隊と改称することが明らかにされた。

宇宙については、大きく分けて4つの柱があるとされる。[9] 第1は、宇宙領域把握（SDA／space domain awareness）の強化である。SDAとは、宇宙空間にある人工衛星や、スペースデブリなどを探知し、具体的にどのような軌道で地球を周回していくか特定するなどして、宇宙空間の物体の詳細を把握していくことである。特に、2007年の中国、2021年のロシアによるASAT実験などでスペースデブリが激増したこともあり、人工衛星が機能するためにも、スペースデブリの軌道を特定し、必要があればそれを回避していくなどの対応が必要になってきている。

また、前述した同軌道ASATに用いられるキラー衛星をあらかじめ探知するためにも、SDAは重要になっている。こうした努力の一環として、航空自衛隊は静止軌道に光学望遠鏡を搭載したSDA衛星を打ち上げ、静止軌道付近の衛星の監視を行えるようにするための取り組みを進めている。

第2は、宇宙領域を活用した情報収集、通信、測位などの各種能力の向上である。これは物理領域の作戦のフォース・マルチプライヤーとしての宇宙利用をより進めていくものと言える。具体的には、米国のGPSだけではなく、日本が打ち上げた、準天頂衛星を用いた衛星測位システムである「みちびき」を利用し、GPSジャミングなどの妨害への冗長性を確保したり、Xバンド防衛通信衛星「きらめき」の3機運用体制を構築するなどの取り組みが進められている。

日本の人工衛星打ち上げ能力の戦略的な意味

第3は、宇宙利用の優位を確保するための能力の強化で、これは宇宙利用そのものを強化していこうとするものである。具体的には、他国のカウンタースペース能力によって日本の宇宙利用が妨害される可能性に備えた抗堪性の強化、電磁波領域と連携して、相手の指揮統制・情報通信を妨げる能力の構築、ミサイルの探知・追尾のための小型衛星コンステレーションについての検討などが進められている。

第4は、関係機関や米国などの関係国との連携強化である。もともと宇宙は民間でも幅広く利用されているものであり、自衛隊だけでの取り組みには限界もあることから、国内の関係機関や米国などの関係国との協力は重要である。また、米国と同盟関係にある国の中で、人工衛星の打ち上げ能力を持っている国は、実は米国、日本、フランスの3カ国しかない。

情報分野では、「ファイブアイズ」と呼ばれる、米国、英国、オーストラリア、カナダ、ニュージーランドという英語国の協力が知られているが、情報収集の上で宇宙利用は極めて重要であるにもかかわらず、実は「ファイブアイズ」の中で人工衛星打ち上げ能力を持つのは米国だけなのである。そのため、日本が持つ独自の衛星打ち上げ・運用能力は、米国の同盟国の中での比較優位であることは指摘しておきたい。

約10人に1人がサイバー関連業務に

次にサイバー空間での対応だが、まず前提として、自衛隊の任務は「自衛隊のネットワーク」の防護であって、「日本全体のネットワーク」の防護ではない。その上で、自衛隊はサイバー空間での対応の基本的な考え方として6つの柱を提示している。[10]情報システムの安全性確保、専門部隊によるサイバー攻撃対処、サイバー攻撃対処態勢の確保・整備、ＡＩなどの最新技術の研究、人材育成、他機関等との連携である。

特に、「防衛力整備計画」では、自衛隊のサイバー関連部隊を約４０００人に拡充し、様々なサイバー関連業務に従事する要員を増加させて2万人体制としていく方針が打ち出された。これは、自衛官と事務官を合わせた自衛隊員のうち、ほぼ10人に1人がサイバー関連の業務を行うということでもある。

また、「防衛力整備計画」では、サイバー防衛の考え方として、「最新のサイバー脅威を踏まえ、境界型セキュリティのみでネットワーク内部を安全に保ち得るという従来の発想から脱却し、もはや安全なネットワークは存在しないとの前提に立ち、サイバー領域の能力強化の取り組みを進める」とした。境界型セキュリティとは、サイバーセキュリティの用語で、外部と切り離したネットワークであれば安全であるとの前提で、外からの攻撃に備えるという考え方である。この典型的な例が、エアギャップを設けたシステムであったり、外部との接続部分を限定してそこを重点的に監視するという方法になるが、前述の通り、現在では、エアギャップも突破されうると考えなければならなくなっている。

特に境界型セキュリティの場合、外部からの攻撃から内部のネットワークを守ることが重視されるため、一度突破されて内部に侵入を許してしまった場合、内部からの攻撃に十分に対処できないという弱点を抱えている。

一方、新たに登場したのが「ゼロトラスト」という考え方で、境界自体を取り払い、内部ネットワークへの侵入にも対処していこうとする考え方である。軍事用のシステムにおいて、完全に外部との境界を取り払うことは考えにくいが、「ゼロトラスト」型セキュリティの導入についても検討をしていくこととされている。

本節で記したのは、現在の自衛隊の取り組みであるが、前述の通り、宇宙・サイバーについての自衛隊の関わりはまだ歴史が浅い。これからも技術進歩に伴い、フォース・マルチプライヤーとしての宇宙・サイバーの重要性は増すことこそあれ、減ることはないだろう。だからこそ、これからもまた、新たな取り組みが進められていくこととなるだろうし、場合によっては、自衛隊の任務は「自衛隊のネットワークの防護」だけで良いのかという点についても、国民的な議論が必要となることもあるかもしれない。

注

1 John Lewis Gaddis, *The Long Peace: Inquiries Into the History of the Cold War*, (Oxford University Press, 1989).

2 Benjamin S. Lambeth, *NATO's Air War for Kosovo: A Strategic and Operational Assessment*, (Rand Corporation, 2001).

3 大澤淳「新領域における戦い方の将来像：ロシア・ウクライナ戦争から見るハイブリッド戦争の新局面」高橋杉雄編『ウクライナ戦争はなぜ終わらないのか』（文藝春秋、２０２３年）。

4 福島康仁「宇宙領域からみたロシア・ウクライナ戦争」高橋杉雄編『ウクライナ戦争はなぜ終わらないのか』。

5 大澤「新領域における戦い方の将来像」。

6 Brian Weeden, "2007 Chinese Anti-Satellite Test Fact Sheet," (November 23, 2010), https://swfound.org/media/9550/chinese_asat_fact_sheet_updated_2012.pdf.

7 Starlink, "World's Most Advanced Broadband Satellite Internet," https://www.starlink.com/technology.

8 Herman Kahn, *On Escalation: Metaphors and Scenarios*, kindle edition, (Praeger, 1986).

9 防衛省『防衛白書　令和４年版』（日経印刷、２０２２年）、１６４－１６８頁。

10 防衛省『防衛白書　令和４年版』２６５－２６７頁。

［終　章］

日本で軍事を考えるということ

1．現代の日本人にとっての軍事の意味

人類の歴史において、戦争は絶えない。その極北とも言えるものが、20世紀のほぼ半分を占める冷戦期であった。冷戦期には、米ソが数万発の核兵器を持って対峙しており、万が一にも核戦争になれば人類が滅亡するという恐怖と隣り合わせだった。実際には、冷戦は核戦争にエスカレートすることなく終結し、人類は無事に21世紀を迎えることができた。

冷戦終結後は、9・11テロ事件に代表される国際テロリズムや、あるいは気候変動といった、非伝統的安全保障が重要な課題になると考えられていた。グローバリゼーションが進み、ヒト・モノ・カネが国境を越えて移動するようになったこととも相まって、国家間の大規模な戦争はもはや起こらないだろうと考えられるようにもなっていた。[1]

しかし、2010年代半ばには、中国、ロシアと米国やその同盟国の対立が深刻化し、大国が競争的な関係になることで、国家間の大規模な戦争が起こる事態が、再び懸念されるようになった。その懸念が現実化したのが、2022年2月に始まったロシア・ウクライナ戦

争であった。

冷戦終結から大国間競争の復活までの約30年間は、日本で言えば平成と呼ばれた時代に当たる。平成元年が1989年、すなわちベルリンの壁が崩壊し、冷戦終結が名実ともに示された年であり、平成最後の年である2019年は、ロシア・ウクライナ戦争の3年前に当たる。この平成の約30年間は、世界的に見て平和な時代でもあった。

しかし、その間も、北朝鮮は核・ミサイル開発を進め、中国は急速に軍事力の近代化を行った。日本周辺には、朝鮮半島、東シナ海、台湾、南シナ海に、潜在的な紛争要因となり得る対立が存在しており、安全保障環境は厳しさを増してきている。ロシア・ウクライナ戦争によって世界の戦略家の関心が東ヨーロッパに向いている現在でも、この厳しさは変わっていない。

抑止の成功＝戦争が「起こらない」状況

安全保障環境が厳しい中で平和を保つためには、抑止力が重要になる。そのため、日本においては自衛隊の役割が重要になってきており、2022年12月、防衛費を大幅に増額し、今後5年間で43兆円を支出することとした。

もちろん、防衛力（軍事力）は万能ではない。軍事力はステートクラフトの手段であるが、あくまで手段の中の1つに過ぎない。安全保障の専門家の間では「ＤＩＭＥ」という言葉がよく使われる。ＤＩＭＥは米国の10セント硬貨を指すが、安全保障の文脈では、外交（Diplomacy）、情報（Information）、軍事（Military）、経済（Economy）の頭文字をつなげることで、軍事だけではなく、これら４つの政策手段のすべてが重要であることを強調する意図で使われる。

４つの政策手段にはそれぞれ特徴があり、「できること」「できないこと」が違う。軍事について言えば、戦争を抑止することと、抑止が破れて戦争になってしまったときに物理力によって国家と国民を防衛することが、独自の特徴である。

ただし、抑止は万能ではないから、失敗した場合には、戦争という誰の目にも明らかな形で示される。対して、抑止の成功とは、戦争が「起こらない」状況である。起こらなかった事象の原因を証明するのは論理的に不可能であるから、抑止の成功とは証明不可能命題でもある。それでも、政治的な対立があり、軍事的な緊張が高まった状況で戦争が回避できたとするならば、少なくとも抑止力がある程度の役割を果たしたと考えることはできる。

一方で、抑止は失敗することもある。日本の安全保障環境にとって、抑止力が重要になってきているからこそ、日本人はその役割と限界とをより深く理解する必要がある。本書で度々述べてきたように、軍事力とはステートクラフトの手段である。その最も優れた使い方は、戦争を起こさないこと、つまり軍事力を抑止力として機能させることである。そして戦争が起こるのを防ぐために軍事力を効果的に使いこなすには、その特徴を深く理解する必要がある。特にどのような形で実際に使われるのかについて、正しい理解が不可欠である。

戦略とは「プライオリティの芸術」

軍事力の使われ方を体系的に示すのが、その国の戦略である。

戦略とは、「プライオリティの芸術」でもある。[2] どのような国でもリソースは有限であるから、それをどのような課題にどれだけ振り向けるかを決めるのが戦略だからである。軍事戦略に当てはめて考えると、抑止力を構成するため、どのように有効な形で、適切にリソース配分のプライオリティが定められているか、が最重要の論点となる。

こうした戦略は政府が策定するわけだが、民主主義国家の国民としては、政府に任せっぱなしにして良いわけがない。政府が策定した戦略やリソース配分のプライオリティは、国民の安全を保つのに適切なのか、国民1人ひとりが、当事者意識を持って考えていかなければならない。日本がおかれた安全保障環境の厳しさを考えれば、単に防衛費を増やすだけではなく、納税者である国民も、政府の施策を観察、評価してそれらが有効に使われているのかを検証するとともに、自分たちでも創造的に政策の在り方を考えていかなければならないときに来ている。日本でも、軍事を考えることが必要になってきているのである。

しかしながら、具体的にどのような視点から戦略や政策を分析すればいいのか、手がかりも何もないというのが現状であろう。そこで次節では、筆者がどのようなアプローチで戦略や政策を分析しているかを紹介する。

2. 戦略分析の3つのアプローチ

(1) 戦略文書の分析

ほとんどの国が軍事力を持ち、それをどのような状況でどのように使うかという意味での戦略を持っているか、あるいは持とうとしている。一方、戦略とは日常生活の中で幅広い文脈で使われる言葉でもあるため、様々な意味で使われる。あえて大まかに定義するとすれば、「戦略とは、『目的（ends）』『方法（ways）』『手段（means）』の組み合わせを示すものである」ということになろう。[3]

「目的」とは、最終的に実現を目指す状態を指す。「手段」は、目的を達成するための具体的な行動そのものや行動に必要なツールを意味し、「方法」は、それらの具体的な行動やツールをどのように組み合わせて実行していくかを表す。戦略の役割とは、「目的」「方法」「手段」を組み合わせ、何を実現したいのか、そしてどのようにそれを実現させるのかを論理的・体系的に示すことである。[4]

だとすれば、戦略の分析は、「目的」「方法」「手段」がどのように組み合わされ、どのように実行されるかを細かく観察することであると言える。しかし、それは実際には容易な作業ではない。なぜなら、当事者が戦略を策定したつもりになっていても、「目的」「方法」「手段」の関係が明確でないことがしばしば起こり、あるいは具体的に策定された戦略であっても、内容が複雑であったり、対外的に公開されていない部分が含まれているがゆえに外部から読み解くのが難しいこともあるからである。

こうした難しさを踏まえた上で、それぞれの国が軍事力についてどのような戦略を持っているかを分析する方法論として、ここでは3つのアプローチを挙げる。

まず情勢分析を読み解く

第1は、戦略文書を分析することである。戦略文書は、国内外の状況の変化に伴って、各国が何年かおきに、安全保障戦略なり軍事戦略を見直し、それを文書の形で示すものである。

米国であれば、政権が代わる4年ごとに発表される「国家安全保障戦略（NSS）」や「国家防衛戦略（NDS）」（以前は「4年次国防見直し（QDR）」と呼んでいた）、「核態勢見直し（NPR）」、ロシアであれば「軍事ドクトリン」、イギリスであれば「戦略・国防見直し（SDSR）」、日本であれば、現在では「戦略3文書」と通称される「国家安全保障戦略」「国家防衛戦略」「防衛力整備計画」がこれに当たる。

一般的には、こうした文書は、まず情勢認識をまとめる。どのような脅威や不安定要因があるのか、どのような安定化要因があるのか、といったことが示される。というのも、戦略とはその国がおかれた状況の中で策定されるものであるから、「なぜこの戦略が必要なのか」を考えるためには、まず「自分たちがどのような安全保障環境におかれているのか」についての考えをまとめておく必要があるからである。

例えば、2002年の米国の国家安全保障戦略では、前年の9・11テロ事件を受けて、国家間の戦争よりも国際テロリズムの脅威が増しているという情勢認識を示した[5]。一方、同じ米国が2017年に策定した国家安全保障戦略では、「大国間競争」が復活したという世界観を提示した[6]。15年の間に、国際テロリズムとの戦いではなく、国家間戦争に備えていくことが重要になるという変化があったことがわかる。

国民や外国に向けたメッセージ

このように、戦略が何を目指すかを示すにあたっては、「何が脅威なのか」という課題について明示することが不可欠であり、戦略文書においては、通常は前段におかれる情勢認識の部分で示される。その上で、具体的にどのような政策を展開していくかが記される。ただし、戦略には階層性があり、すべての政策手段についてすべての戦略文書で記述されるわけではない。「国家安全保障戦略」のように、国全体の大戦略に該当する戦略文書であれば、軍事のみならず外交や経済といった国家のステートクラフトの政策手段すべてを網羅して記述され、「国家防衛戦略」のように、軍事戦略のレベルの文書であれば、軍事力（防衛力）の役割や構成について記されることになる。

また、こうした文書には、内部で行った検討の成果をまとめるだけでなく、それを国民に説明し、外国にも自らの戦略的な考え方を示すという、ある種のコミュニケーションを行うといった目的がある。つまり、戦略文書自体が、その国の政府が、国民や外国に向けて伝えたいと考えたメッセージともなるのである。以上のような理由から、戦略を分析する上では、まず文書を分析するというのが、基本的な方法論となる。

（2）予算の分析

しかし、戦略文書を分析するだけでは、その国の戦略を分析することにはならない。なぜならば、戦略文書が必ずしも実際の政策の指針とならないことがあるからである。米国のオバマ政権の前半に国家安全保障会議（ＮＳＣ）で北東アジア担当上級部長を実際に務めたジェフリー・ベイダーは、退任後に著した回顧録の中で、ＮＳＣ、国務省、国防総省が定期的に発表してきたグローバルな戦略は、実際の危機に際して参照されることはほとんどなかったとはっきりと述べている。彼は、自らの経験を踏まえ、現実の政策決定は戦略文書に基づいて行われるのではなく、その場その場の戦術的な決定の蓄積として行われるのだと指摘した[7]。

実際、一般に「戦略的」と言うとき、「長期的な視野に立つ」とか「場当たり的に行動するのではなく目標を設定する」といった意味で用いられることはしばしばあり、場合によっては、それらしく聞こえるスローガンを提示するだけのこともある。

アメリカのビジネス戦略の専門家のルメルトは、戦略とは目的設定（ゴールセッティング）ではなく問題解決（プロブレムソルビング）が目的であり、具体的な行動を内包するものでなければならないと指摘した上で、「良い戦略」の具体的な条件として、状況の診断（diagnosis）、行動指針（guiding policy）、指針に沿った行動（coherent action）を挙げている。[8] この、「指針に沿った行動」の中で最も重要なことが、リソース配分の決定である。

すべての戦略において共通する制約は、動員可能なリソースが有限であることである。そのため、プライオリティを設定してリソース配分を決めなければ、戦略を機能させることは難しい。戦略は「目的」「方法」「手段」の組み合わせであるが、リソース配分の観点から言えば、目的達成に有効な手段に対してきちんとプライオリティを設定してリソースを投入していかなければならないのである。[9]

予算配分に反映されているかどうか

この点で重要な論点が、予算となる。予算とはリソース配分のプライオリティが具現化したものであるから、戦略文書で打ち出した方針がきちんと予算に反映されているかどうかの分析は、戦略文書そのものの分析よりも時として重要な意味を持つ。

なぜなら、戦略文書で示された戦略が、本来はリソース配分のプライオリティの変更を求めるものであるはずなのに、予算の内容がほとんど変わっていないとしたら、戦略文書は単なる作文に過ぎないことが見破れるからである。つまり、戦略文書が実質的な有効性を持ち得るかを評価する上で、予算の分析は不可欠ということでもある。

例えば米国は、イラク・アフガニスタンへの軍事介入が泥沼化しつつあった２００６年に、「４年次国防見直し（ＱＤＲ）」という、国防戦略を示す文書を策定した。この文書では、米国が直面している脅威として、〈伝統型〉〈非正規型〉〈破滅型〉〈妨害型〉の４つを挙げ、米軍は、〈伝統型〉に対しては十分以上の能力を持っているが、それ以外の脅威への対処能力は不足しているとして、戦力の構成をシフトさせていく方針を打ち出した。[10] 当然、国防予算の支出トレンドに変化が生じるはずである。しかし、実際にはこのあとも、米国の国防予算は引き続き〈伝統型〉脅威を重視した形での支出を続けた。[11] つまり、２００６年版ＱＤＲに記された戦略は、実際のリソース配分には反映されなかったことになる。このように、戦略文書通りの政策が進められているのかを分析する上で、予算の分析は不可欠なのである。

ただし、分析するのに十分なレベルの詳細さをもって予算の内容を公開している国は多くない。最も進んでいるのは米国であり、予算担当の国防次官のウェブサイトに、陸海空軍および国防省関係機関すべての予算文書へのリンクを設定し、それぞれの予算プログラムの詳細にアクセスすることができる。[12] さらに、ＰＤＦだけではなくエクセルの形式でもアップされており、分析を行いやすい形式でデータが提供されている。

（3）法律からの分析

第3の分析アプローチが、法律からの分析である。国家の戦略は、最終的には予算に反映されなければ実効性を持たないが、それだけではなく、戦略や政策的な意図が法律の見直しに反映されることがある。その代表的な例が、集団的自衛権を限定行使することとした日本の平和安全保障法制であろう。

集団的自衛権は、冷戦後の日本の安全保障政策論にとって最も重要な論点の1つであった。大きな契機となったのが1991年1月に生起した湾岸戦争であり、続いて、1993年から1994年にかけて、北朝鮮の核開発疑惑を巡って発生した第1次朝鮮半島核危機が、問題意識を強めることとなった。

このとき、北朝鮮の核兵器開発は日本の安全保障に極めて大きな影響力を持つにもかかわらず、それを阻止するために米国が行動を起こしたとしても、日本が何ら直接的な協力を行えないことが明らかになった。そこで、実際に有事になるようなことがあれば、日米同盟に深刻な危機をもたらす可能性があると強く懸念されるようになり、まずは集団的自衛権の行使に至らない範囲での日米協力の枠組みを強化するため、1997年に「日米防衛協力のための指針」、いわゆるガイドラインが改定される。その上で、集団的自衛権の行使を巡る問題について専門家の議論が積み重ねられていった。[13]

この当時、憲法第9条の規定の下で認められる自衛権の行使として、「わが国に対する急迫、不正の侵害に対処する場合」の実力行使は日本を防衛するための「必要最小限度」の範囲であり憲法上許容されるが、いわゆる国際法上の集団的自衛権の行使はその「必要最小限度」を超えるものとして許容されないとの解釈を取っていた。キーワードは、自衛隊の活動が「必要最小限度の実力行使」を超えるか否かであった。

こうした論理を基盤として成立している解釈であるから、逆に言えば、集団的自衛権の行使や集団安全保障活動への参加を含めて、独立国として自衛のための「必要最小限度の実力行使」であると考えれば、それらについても、「必要最小限度」を超えない範囲である限りにおいては、現行憲法の下でも可能だと考えられることとなる。

平和安全保障法制の成立

こうして、安倍政権の時期に、集団的自衛権の行使を可能とするよう憲法解釈が変更された。具体的には、これまでの憲法解釈と論理的な整合性を保つため、無制限な集団的自衛権の行使ではなく、限定的な集団的自衛権の行使を認める形で、憲法解釈の変更を行う閣議決定が2014年7月1日になされた。

この閣議決定においては、「我が国に対する武力攻撃が発生した場合のみならず、我が国と密接な関係にある他国に対する武力攻撃が発生し、これにより我が国の存立が脅かされ、国民の生命、自由及び幸福追求の権利が根底から覆される明白な危険がある場合において、これを排除し、我が国の存立を全うし、国民を守るために他に適当な手段がないときに、必要最小限度の実力を行使することは、従来の政府見解の基本的な論理に基づく自衛のための措置として、憲法上許容されると考えるべきであると判断するに至った」とされている。集団的自衛権行使の対象は、「我が国と密接な関係にある他国に対する武力攻撃が発生し、これにより我が国の存立が脅かされ、国民の生命、自由及び幸福追求の権利が根底から覆される明白な危険」とされている。

「自衛のための必要最小限度」を基本とするという点でこれまでの憲法解釈の基本的な論理を維持しつつも、集団的自衛権を限定的に行使することが認められたのである。そして2015年9月19日の参議院本会議で平和安全保障法制が成立した。

これは、戦略文書の形でも、予算配分の変更という形でもなく、法的な措置によって、政策の幅を変えたものである。もちろん、憲法解釈の変更を含む法的な措置は、あくまで「法的に可能な政策の範囲」を変化させただけで、展開される政策が自動的に変化するわけではない。その意味で、戦略そのものではないが、戦略の実施に伴う「目的」「方法」「手段」の組み合わせの形を変える可能性があるから、戦略を分析する上で重要な意味を持つものである。

3. 日本の戦略とは

(1) 日本の戦略文書

では、日本の現在の戦略はどのようなものなのか、前記の3つのアプローチを元に見てみよう。ただし、法的アプローチについては前節で既に論じているので割愛し、戦略文書と予算から見てみることとする。

まず戦略文書である。最も新しい戦略文書は、2022年12月に閣議決定された「国家安全保障戦略」「国家防衛戦略」「防衛力整備計画」である。このうち、「国家安全保障戦略」は2013年12月に初めて策定されたもので、これが2回目となる。「国家防衛戦略」「防衛力整備計画」は、それまではそれぞれ「防衛計画の大綱」（以下防衛大綱）「中期防衛力整備計画」（以下中期防）と呼ばれていた文書である。

このうち、防衛大綱は、長い間日本の防衛戦略の基本文書とされていたものである。最初の防衛大綱は冷戦期の1976年に策定され、以後、1995年、2004年、2010年、2013年、2018年に策定されている。防衛大綱では、情勢認識、防衛戦略の基本的な考え方、自衛隊の役割・任務、防衛力整備にあたって重視される能力と、それらを踏まえた基本的な兵力構成が示され、時間軸としては10年程度の将来を念頭に置いて策定される。それぞれの防衛大綱には、「別表」として、10年程度の将来における防衛力整備の目標水準としての基本的な兵力構成が示される。

中期防は、防衛大綱と併せて策定される。中期防は、時間軸を5年とする具体的な防衛力整備計画、いわば「ショッピングプラン」であり、防衛大綱を受けた調達計画を「中期防別表」として示す。つまり、理論上は2つの中期防を経て、防衛大綱別表で示されている10年後の目標としての兵力水準が達成されることとなる。

この点からも明らかなとおり、防衛大綱の最も重要な部分は、目標となる兵力構成を示す別表であり、その兵力構成がいかなる論理に基づいて必要かを説明することが、文書として求められる役割であるといえる。

２０２２年の戦略３文書では、防衛大綱に代わり国家防衛戦略が、中期防に代わり防衛力整備計画がそれぞれ策定されたが、戦略文書としての基本的な役割は変わっていない。なお、もともと防衛大綱の別表として示されていた将来の防衛力の兵力構成については、国家防衛戦略ではなく、防衛力整備計画の別表３として示されるといった変更がなされている。

（２）２０２２年12月の「戦略３文書」で示された戦略

戦略文書としてこの３文書を見るとき、まず気づくのは、非常に厳しい情勢認識を示していることである。特に、国家安全保障戦略の冒頭で、「グローバリゼーションと相互依存のみによって国際社会の平和と発展は保証されないことが、改めて明らかになった」と述べ、「自由で開かれた安定的な国際秩序は、冷戦終焉以降に世界で拡大したが、パワーバランスの歴史的変化と地政学的競争の激化に伴い、今、重大な挑戦に晒されている」としていることは、現在の世界の安全保障環境が非常に厳しい状況にあるという認識を明らかにしている。この厳しい認識が、防衛費の大幅な増額を含む形で、抑止力の実質的な強化を目指す戦略の前提となっているのである。

さらに、重要な点が、この３文書において、「反撃能力」とされる、対地（敵基地）攻撃能力を保持していく決定がなされたことである。

日本は長い間、自国領域外への対地攻撃能力を保持してこなかった。これは、憲法上禁止されていたわけではない。憲法解釈上は「策源地攻撃能力」として、専守防衛下でも一定の条件で、敵地攻撃を行うことは可能であるとされてきた。ただし、政策的な判断の結果として、そのための能力を整備してこなかったのである。この問題は、1998年8月に、北朝鮮がテポドン弾道ミサイルを日本領域を越える形で発射して以来、ほぼ25年にわたって議論され続けてきた[14]。そして、2022年12月の戦略3文書において結論に至ったのである。

ここでは、反撃能力を「我が国に対する武力攻撃が発生し、その手段として弾道ミサイル等による攻撃が行われた場合、武力の行使の三要件に基づき、そのような攻撃を防ぐのにやむを得ない必要最小限度の自衛の措置として、相手の領域において、我が国が有効な反撃を加えることを可能とする、スタンド・オフ防衛能力等を活用した自衛隊の能力」と定義した上で、その目的として、「武力攻撃そのものを抑止する」ことと「万一、相手からミサイルが発射される際にも、ミサイル防衛網により、飛来するミサイルを防ぎつつ、反撃能力により相手からの更なる武力攻撃を防ぎ、国民の命と平和な暮らしを守っていく」の2つが示された。

(表) 2018年の防衛大綱別表と2022年の防衛力整備計画別表３の比較

		2018年防衛大綱 別表	2022年防衛力整備計画　別表３
陸上自衛隊	編成定数／常備自衛官定数	15万9千人	14万9千人
海上自衛隊	護衛艦（うちイージス・システム搭載護衛艦）	54隻（8隻）	54隻（10隻）
	潜水艦	22隻	22隻
	作戦用航空機	約190機	約170機
航空自衛隊	作戦用航空機（うち戦闘機）	約370機（約290機）	約430機（約320機）

出所：「平成31年度以降に係る防衛計画の大綱」および「防衛力整備計画」より筆者作成。

何の予算が増えたのか

次に、予算面を見てみよう。今回の戦略３文書を含む日本の戦略見直しの最も重要な点は、これまで各年度５兆円台であった防衛費を大幅に増額して、今後５年間で43兆円を支出するとしたことである。

この点を分析する上での手がかりとして、まず、防衛力整備計画の別表3として示された将来の自衛隊の兵力構成を見てみよう。これを、１つ前の防衛大綱である２０１８年の防衛大綱の別表と比較すると興味深いことに気づく（表参照）。陸上自衛隊、海上自衛隊、航空自衛隊とも、兵力構成そのものは大きく変わらないのである。増勢と言えるのは、護衛艦のうち、イージスシステム搭載護衛艦が8隻から10隻になったことと、作戦用航空機のうち戦闘機が２９０機から３２０機に増えたことくらいであり、防衛費が大幅に増額されるとは思えない変化に留まる。

この疑問に対する回答は、今後5年間で43兆円をどのような形で支出する予定かについての現在の方針を見るとはっきりする。防衛省が発表した資料では、約43兆円を11の分野に分けた上で、それぞれにどの程度の金額が割り当てられるのかを示している。その中で、弾薬・誘導弾、装備品等の維持整備費・可動確保、施設の強靭化を含む「持続性・強靭性」とされる項目に約15兆円を支出するとされているのである。これは約43兆円のうち35％に相当する額である。[15]

持続性・強靭性の向上が重要なポイント

前述の反撃能力を含むスタンド・オフ防衛力に支出するとされているのが5兆円で、その3分の1に留まることを考えると、今後5年間の日本の防衛戦略におけるプライオリティは明白である。戦略文書である「国家防衛戦略」の21頁、「持続性・強靭性」の項目にははっきりと書いてある。重要な項目なので全文を引用しよう。

将来にわたり我が国を守り抜く上で、弾薬、燃料、装備品の可動数といった現在の自衛隊の継戦能力は、必ずしも十分ではない。こうした現実を直視し、有事において自衛隊が粘り強く活動でき、また、実効的な抑止力となるよう、十分な継戦能力の確保・維持を図る必要がある。このため、弾薬の生産能力の向上及び製造量に見合う火薬庫の確保を進め、必要十分な弾薬を早急に保有するとともに、必要十分な燃料所要量の確保や計画整備等以外の装備品が全て可動する体制を早急に確立する。

このため、２０２７年度までに、弾薬については、必要数量が不足している状況を解消する。また、優先度の高い弾薬については製造態勢を強化するとともに、火薬庫を増設する。さらに、部品不足を解消して、計画整備等以外の装備品が全て可動する体制を確保する。

今後、おおむね10年後までに弾薬及び部品の適正な在庫の確保を維持するとともに、火薬庫の増設を完了する。装備品については、新規装備品分も含め、部品の適正な在庫の確保を維持する。

これを読むと２０２７年までに、自衛隊の即応性を大幅に向上させようとする強い意図があることがわかる。そしてこれは単なる空文的な作文ではなく、実際に今後５年間に防衛費として支出するとされる約43兆円のうち、35％を費やしてこれを実現しようとしている。このように、戦略文書と予算を比べてみると、２０２２年12月に策定された戦略３文書の最も重要なポイントが、戦略論では即応性とも呼ばれる、この持続性・強靭性の向上にあることがはっきりとわかるのである。

4. いま日本人が考えるべきこと

(1)「入口」を越えて

日本を取り巻く安全保障環境は悪化の一途をたどっている。それと反比例する形で、抑止力としての防衛力(軍事力)の重要性が高まり続けている。日本は民主主義国家であり、国民が政策決定に関与する政体である。防衛力(軍事力)の重要性が高まっているということは、一部の専門家や官僚だけでなく、1人ひとりの国民にとっても、それを知り、考える重要性が増してきているということでもある。

そうした問題意識から、本書では、これまで、国際政治における軍事力の役割、国家にとってのステートクラフトとしての軍事力の意味、実際に軍事力が行使される「戦い」の局面ではどのようにそれが使われるのか、そして戦略を分析する方法と現在の日本の方向性について論じてきた。この章の最後に、いま日本人は、具体的に、日本の安全保障や防衛（軍事）について何を考えていかなければならないのかに、触れておこうと思う。

この点についても、日本はこの10年で大きく変わってきている。10年前、つまり平和安全保障法制が制定されるよりも前は、実際の政策論はほとんどなく、日本の安全保障政策に関する「制度」のみが議論されていたのである。

筆者は当時「5点セット」と呼んでいたが、この頃は、5つのことさえ言えていれば、メディアなどからは安全保障の「専門家」と見なされた。その5つとは、「日本は集団的自衛権を行使すべきだ」「日本版NSC（安全保障会議）を設立すべきだ」「日本は武器輸出政策を緩和すべきだ」「日本は打撃力（現在では反撃能力と呼称する）を持つべきだ」「日本は非核3原則の3つめ（持ち込ませず）を変えるべきだ」といった主張である。

制度の見直しの先にあるもの

これらの論点は、実際には「制度」、すなわち安全保障政策の決定過程や安全保障政策を実行する上での手段における改革を求めるものであって、具体的に日本としてどのような安全保障政策を追求すべきかについての議論ではなかった。それらが実現したあと、どのような戦略を進めていくかについての議論は欠落していたのが実情であった。

そして、現在ではそれらの改革のほとんどは実現した。集団的自衛権については平和安全保障法制に伴う集団的自衛権の限定行使という形で、日本版ＮＳＣについては国家安全保障局設立という形で、武器輸出政策については防衛装備移転３原則という形で、打撃力については２０２２年12月の戦略３文書に伴う決定という形で、非核３原則の３つめの「持ち込ませず」については、２０１０年の岡田克也外相の「核搭載米艦船の一時寄港を認めないと、日本の安全が守れないならば、その時の政権が命運を懸けてぎりぎりの決断をし、国民に説明すべきだ」という答弁という形によって、である。

「制度を見直すべき」という主張はそれほど難しくない。制度はあくまで、政策論の「入口」に過ぎない。いま必要なのは、日本の安全保障と地域の安定を達成する上で必要な政策課題そのものを深く議論し、使用可能な政策手段を組み合わせていくことである。そのため、現在では、安全保障を議論する上で必要な知識と知見のレベルが、10年前に比べてはるかに高くなっている。

（２）３つの論点

その前提の上で、いま日本人が考えておかなければならない論点を3つ挙げておきたい。第1の論点は、どれくらいの規模の防衛力が必要か、という点である。これは、「ハウ・マッチ・イズ・イナフ」として、米国の軍事戦略を巡る議論でも頻繁に論点になるものである。安全保障環境の悪化に対応して、日本は防衛費を大幅に増額する決定をした。この増額された防衛費が、適切かつ的確に使われるのか、そしてどの程度の防衛費の規模が、今後の安全保障環境において必要になるのか、こうした点についての議論を深めていかなければならない。まさにこの点において必要になるのが、軍事問題に関する知識である。

日本周辺で有事が発生した場合、主要な戦いは航空戦と海上戦となるだろう。その中で、どのように航空優勢と制海権を確保するのか、そのためにはどのような形で探知－攻撃サイクルを構築する必要があるのか、3自衛隊および米軍との間の指揮統制はどうあるべきなのか、そういった論点を考慮しながら、どれくらいの規模の自衛隊を構築していくことが必要なのか、といった議論が必要になる。

そして、国家予算の中でどの程度の防衛費を投入するのが適正なのかも考えていかなければならない。例えば、2022年12月の戦略3文書で防衛費を増額すると決める前は、防衛費は社会保障費の約6分の1から約8分の1、公共事業費の約半分といった割合で支出されていた。防衛費が今後、ほぼ倍増していくということは、公共事業費とおおむね同じくらいの水準になるということでもある。こういった、他の支出項目との比較も考えた上で、日本としてどの程度を防衛費に支出するべきなのか、これは納税者としての国民の1人ひとりが、主体的に考えていかなければならないことである。

「願望」と「能力」のバランス

第2の論点は、外交と防衛の関係である。本書でも論じたとおり、防衛（軍事）はステートクラフトの1つの手段であり、外交や経済といった他の政策手段と並列の関係にある。ときどき誤解されるが、両者は「外交か、防衛か」といった二者択一の関係にはない。平時においては外交と防衛とは相互に補強し合う関係にあるし、ロシア・ウクライナ戦争において、ロシアもウクライナも積極的に外交を展開していることからわかるように、仮に戦争になったとしても、外交は機能し続ける。

必要なのは、「何ができて、何ができないのか」といった点を正確に理解し、両者を適切に使い分けていくことである。例えば、外交には「問題が悪化しないようにマネージする」「万一の有事に備えて味方を作る」といった機能がある。防衛には、「相手に強制外交や侵略をさせないように抑止する」「万一の有事には物理的に対処する」という機能がある。外交に何を期待し、防衛に何を期待するのか、議論を進めていく必要があるだろう。

なお、対中国政策の関係で、「問題が悪化しないようにマネージする」ことを抑止力の強化よりも重視すべきとの議論もあるが、留意しておかなければならない点がある。それは日本も米国も、冷戦終結以来、中国に積極的に関与し、「中国が強くなる前に変化させる」ことを目指す政策を既に展開してきたことである。しかし、それは失敗し、中国は、「変化する前に強く」なってしまった。[16]

戦略は、「願望」と「能力」をバランスさせた上で追求しなければならない。中国との間で、「問題が悪化しないようにマネージする」外交を展開していくのは、「願望」としては理解できるが、2000年代、日本がまだ世界2位の経済大国であった時代にできなかったことを、中国に経済力で大幅に抜かれてしまい、軍事バランスでも劣勢に立たされた現在、実現する「能力」を十分に備えているのかについては冷徹な分析が必要であろう。まずは軍事的な抑止力としての「能力」を強化していくことが必要ではないかという考え方こそが、「願望」と「能力」のバランスを取るためには必要ではないか。

外交によって「問題が悪化しないようにマネージする」のは当然としても、それを抑止力の強化「よりも」重視すべきだという議論は、「願望」と「能力」のバランスが欠如していると思われる。いずれにしても、外交と防衛をどのように組み合わせるのかについては、これからも議論を続けていく必要があろう。

核抑止と「核の傘」

第3に、最後の論点として、核抑止を挙げておきたい。本書では、核抑止についてはほとんど議論できなかった。しかし、北朝鮮は核・ミサイルの開発と配備を進めている。既に日本を射程に収めた核ミサイルは配備されているとみられ、さらに米国を射程に収める長距離核ミサイルの開発も進めている。中国も質量両面で急激に核戦力を強化しており、2035年には、1500発の弾頭を保有するようになる可能性があるとみられている。これは、現在米露の新START条約での配備上限とされている1550発の弾頭とほぼ同数となる。

このように、核抑止は日本の安全保障にとって極めて重要な論点となっている。日本は米国の「核の傘」の元にあるが、これだけ状況が悪化してくると、これもまた「10年前と同じ」形で安全と言えるような状況ではなくなっている。

「核の傘」とは「拡大抑止」とも言われる。日本のケースで言うと、対象国（北朝鮮か中国）に対する抑止を、拡大抑止の受益国（日本）に対して、提供国（米国）が提供する、3角形から成立する戦略的な関係である。抑止が機能していると認識されている状態を「信頼性が高い」状態と言うが、この場合の抑止の信頼性は複雑な形で評価される。米国からしてみれば、中国や北朝鮮を抑止すると同時に、日本を安心させなければならないからである。

この点について、１９６０年代の英国の国防大臣であったデニス・ヒーリーが、「ロシア人を抑止するには５％の信頼性で十分だが、ヨーロッパ人を安心させるためには95％の信頼性が必要である」という言葉を残している。つまり、敵であるロシア人を抑止するには、核兵器が使われる可能性が５％程度でもあれば抑止できるが、味方であるヨーロッパ人を安心させるためには、核兵器が95％の可能性で使われると信じていなければ安心できないという意味である。これは「ヒーリーの定理」とも呼ばれるが、拡大抑止を巡る米国と同盟国との認識ギャップを端的に要約した言葉としてしばしば引用される。

何をすれば「安心」できるかを決めるのは日本人

これは、現在の日本にも当てはまる。ただし、「95％の信頼性」はあくまで主観的なもので、これを測定する客観的な基準は存在しない。言い換えれば、「95％の信頼性」があるかどうかを判断するのは、拡大抑止の受益国である国民自身の主観的な認識によるのである。そのため、日本が「拡大抑止の信頼性が十分にあると安心できる」ために米国に何をしてほしいかは、日本人自身が議論して決めていかねばならないということでもある。

例えば、ＮＡＴＯで行っているような「核シェアリング」が日本でも必要であるという議論がある。核シェアリングの本質的な目的は、相手国を「抑止」することでは必ずしもない。

「核シェアリング」は、核兵器の運用に一定程度関わることで、同盟国を「安心」させることを主眼とするものであり、抑止力はその「安心」を通じて強化される。[17] ところが「安心」とは主観的なものであり、国民の1人ひとりが考えた上で、「安心できるか、できないか」が決まってくるものである。「核シェアリングがなければ安心できない」という人がいれば、「核シェアリングがなくても安心できる」という人もいるだろう。別の言い方をすれば、何をすれば国民が「安心」できるかについて単一の回答は存在しないということでもある。

必要なのは、1人ひとりが、何をすれば「安心」できるか、正確な情報に基づいて、自分で考え、議論を深め、本当に必要なことについて納得することである。その納得こそが、抑止力を本当の意味で支える。必要なのは、核兵器の脅威に対し、何があれば自分が「安心」できるのか、1人ひとりが考え抜いて答えを導き出していくことである。

(3) むすび

長い間、日本において軍事はある種のタブーであった。軍事に関心を持つのは自衛隊に関わる仕事をしているか、「軍事オタク」と見なされるごく一部の人で、政策論として幅広く議論されることはほとんどなかった。これは、第2次世界大戦後の日本が長い間、安全保障を米国に依存しきっていたために、安全保障や軍事を巡る問題を考えなくてもすむ時代が長く続いてきたことが大きな理由であろう。

しかし、グローバルなパワーバランスは変化し、米国の軍事力ももはや絶対的なものではなくなってきた。そして、日本周辺に安全保障上の対立が事実として存在しており、日本は、安全保障や軍事について、より当事者意識を持たなければならなくなっている。そのため、日本人は、善とか悪とかといったことではなく、否が応でも「ステートクラフトとしての防衛力（軍事力）」を、価値中立的に考えなければならなくなってきている。そして、抑止力を強化した上で、安全保障上の対立が戦争にエスカレートしないように、危機管理に取り組んでいかなければならなくなっているのである。

そのためには、一部の官僚や専門家だけでなく、国民全体がある程度の軍事に関する知識を持つことが必要である。日本は民主主義国家であり、自衛隊といえども国の一機関である。ステートクラフトの手段として、自衛隊が戦争を抑止するために適切に整備され、運用されているのか。それを見守り、必要があれば別の意見を提示していくこと、それが納税者としての国民の権利であり、責任であり、義務でもあるのである。

注

1 Michael Mandelbaum, "Is Major War Obsolete?".

2 高橋杉雄『現代戦略論』(並木書房、２０２３年)。

3 Lawrence Freedman, *Strategy: A History*, kindle edition, (Oxford University Press, 2013), location 99.

4 高橋『現代戦略論』。

5 The President of the United States, "The National Security Strategy of the United States of America," (September 2002), https://2009-2017.state.gov/documents/organization/63562.pdf.

6 The President of the United States, "The National Security Strategy of the United States," (December 2017), https://trumpwhitehouse.archives.gov/wp-content/uploads/2017/12/NSS-Final-12-18-2017-0905.pdf.

7 Jeffrey A. Bader, *Obama and China's Rise: An Insider's Account of America's Asia Strategy*, kindle edition (Brookings Institution Press, 2013), location 1943-44.

8 Richard P. Rumelt, *Good Strategy / Bad Strategy: The Difference and Why It Matters*, kindle edition, (Profile Books, 2011), location 375-381.

9 高橋『現代戦略論』27頁。

10 Department of Defense, "Quadrennial Defense Review Report," (February 2006), https://history.defense.gov/Portals/70/Documents/quadrennial/QDR2006.pdf.

11 高橋杉雄「オバマ政権の国防政策：『ハード・チョイス』への挑戦」『国際安全保障』第37巻第１号(２００９年６月)25－46頁。

12 Department of Defense, Under Secretary of Defense (Comptroller), "Welcome to the OUSD (C) Public Website," https://comptroller.defense.gov.

13 この時期から平和安全保障法制制定までの間の、集団的自衛権を巡る日米の主要な専門家の議論としては以下のものがある。Ralph A. Cossa. ed., *Restructuring the U.S.-Japan Alliance: Toward a More Equal*

Partnership, Center for Strategic and International Studies (CSIS Press, 1997); Richard Armitage and Joseph Nye, "The United States and Japan : Advancing toward a Mature Partnership," Institute for National Strategic Studies, 2000, https://spfusa.org/wp-content/uploads/2015/11/ArmitageNyeReport_2000.pdf; Mike M. Mochizuki ed., *Toward a True Alliance: Restructuring U.S. - Japan Security Relations*, Brookings Institution Press, 1997; 東京財団「新しい日本の安全保障戦略：多層協調的安全保障戦略」２００８年10月、https://www.tkfd.or.jp/files/product/2008-05.pdf、日本国際フォーラム「積極的平和主義と日米同盟のあり方」２００９年10月、https://www.jfir.or.jp/j/activities/pr/pdf/32.pdf、世界平和研究所「世界平和研究所創立25周年記念提言『平成50年、世界で輝く日本たれ』」２０１３年10月 http://www.iips.org/research/data/iips25-proposals.pdf.

14　高橋杉雄「専守防衛下の敵地攻撃能力をめぐって：弾道ミサイル脅威への１つの対応」『防衛研究所紀要』第８巻第１号（２００５年10月）１０５―１２１頁、http://www.nids.mod.go.jp/publication/kiyo/pdf/bulletin_j8_4.pdf.

15　防衛省「我が国の防衛と予算：令和５年度予算の概要　防衛力抜本的強化『元年』予算」（２０２３年３月29日）、５頁、https://www.mod.go.jp/j/budget/yosan_gaiyo/2023/yosan_20230328.pdf.

16　高橋『現代戦略論』82―87頁。

17　高橋杉雄「日米同盟に『核共有』は必要か」『正論』第６０８号（２０２２年５月）。

あとがき

　私事になるが、筆者の誕生日は8月15日である。子供の頃から、周りの大人たちに、「終戦記念日生まれなんだね」と言われ続けてきた。いま思えば、それが軍事に関心を持つきっかけであった。自然な成り行きとして「終戦記念日とはどんな日なのか」に興味を抱き、そのうちに小学生向けの戦記物を読んだり、「ウォーターラインシリーズ」と呼ばれる旧日本海軍の艦艇のプラモデルを作ったりして、軍事への興味を深めていくようになった。

　通っていた筑波大学附属小学校は実験校で、当時から、いまで言うアクティブラーニングを重視した教育が行われていた。その中で社会科を担当していた先生から、5年生か6年生の頃に、「そんなに戦争に興味があるなら、クラウゼヴィッツの『戦争論』を読んだらどうか」と勧められた。振り返れば、これがいまの道に進む大きな理由になったように思う。そのときに親に頼んで買ってもらった、カバーがまだフィルム紙だった時代の岩波文庫の『戦争論』は、いまでも研究室の書棚にある。大人になってから知ったことだが、私に『戦争論』を勧めた有田和正先生は、日本の社会科教育の中心的な人物であった。たいへん理屈っぽい子供だった当時、こうした教育を受けられたのは幸福なことであったと思う。

中高生の頃は、当時存在していたシミュレーションボードゲームにはまっていた。このボードゲームは、地図上に「ヘックス」と呼ばれる六角形のマスを描いて、そこに「ユニット」と呼ばれる、陸上部隊や艦艇、航空機を表す駒を置いて、戦争を再現するものである。ゲーム作成に当たっては綿密な考証が行われており、関ヶ原の合戦であったり、太平洋戦争の海戦であったり、第4次中東戦争を再現するようなゲームであった。米ソが対決する現代戦や、大日本帝国とナチスドイツが戦う仮想戦をプレイしたこともある。

シミュレーションゲームを通じて、単にハードウェアとしての兵器の蘊蓄《うんちく》ではなく、むしろ兵器の「使い方」を考えながら、作戦レベルや戦略レベルで軍事を考える習慣が身についた。また、ゲームのテーマとなった戦いの歴史的背景を調べたりすることで、戦史の知識も得ることができた。

この時期、海軍戦略家のマハンにも興味を持つようになった。本書では、旧仮名遣いで記された海軍軍令部訳版のマハンの『海軍戦略』を引用しているが、この頃に購入したものである。なお、最近、戦略論ではボードウォーゲームが注目されるようになっており、防衛研究所で初代の政策シミュレーション室長を務めた折には、この当時の経験が役に立った。

もともとは理系志望であったが、数学がいまひとつわからなくなり、高校2年生になって文系に転向した。小学校以来、社会は得意科目だったし、政治史の中で、安全保障について興味があった。特に、司馬遼太郎氏の『坂の上の雲』をきっかけに、「明治時代には軍事力で国を守り、昭和前期にはそれに失敗し、戦後（当時は1980年代末）には軍事力に頼らずに安全保障を全うしている」違いはなぜ起こったのかを考えたいと思っていた。幸い、早稲田大学政治経済学部に入学することができたが、大学3年生になってゼミの専攻を決めるときには、日本政治史を選ばなかった。その最大の理由は、英語やドイツ語の単位を落とすなど成績があまり良くなく、人気があった日本政治史のゼミにはとうてい入れなかったからである。

他にどんなところで日本の安全保障が勉強できるかを調べてみたところ、国際政治学にたどり着いた。英語が苦手であったから、国際政治学を勉強する自分というのは全くイメージできなかったが、成績を問わない大畠英樹教授のゼミになんとか入ることができた。大畠ゼミの中では核抑止論への関心を深めていった。トマス・シェリングの『Arms and Influence』という本を、英語の本としては初めて読み通し、その論理の美しさに魅了されたのがきっかけである。

現在勤務している防衛研究所の存在を知ったのはその頃である。大畠教授から、「軍事を研究するなら防研に行ってはどうか」と助言を受け、修士課程に進学して防研への就職を模索することとした。ただ、防衛研究所は毎年採用があるわけではなく、専門領域もいろいろある。修士課程を修了するときに採用があるとは限らないし、採用があったとしても、例えば中国研究の募集だったら受けることができない。

幸運にも、修了の年に「安全保障政策」での採用があったが、採用枠は1人。採用されるのは難しいと思っていた。ただ、博士課程に進むつもりはなかったし、文章を書く仕事がしたかったから、新聞社を中心に就職活動をしながら、防研の受験対策を並行して進めていた。防研の採用発表は某新聞社の最終面接の日の朝だったが、幸い防研で採用していただくこととなり、新聞社は面接の場でお断りする形となった。

このように、いろいろな偶然の中で、日本で軍事を研究する立場に就くことができた。20代の頃は、核のみならず通常戦力を含む抑止論から始まり、情報革命が軍事に及ぼす影響を研究した。そのうち、米軍がどのように戦っているのか、軍事を巡る政治プロセスはどのように展開しているのか、といったあたりに関心を広げ、いつしか自分から、「現代軍事戦略」を専門としていると言うようになった。日本のアカデミック・コミュニティでは研究領域として見なされている分野ではなかったが、自分の関心を最も端的に表現していると感じたからだ。

研究領域として見なされていないからには、現代軍事戦略の分析手法が、日本の大学や大学院で教えられることはない。終章で紹介した、戦略文書、予算、法律の3つのアプローチは、自分で行ってきた各国の戦略の分析や、防衛省の政策部門に併任の形で実際に戦略立案に携わった経験、さらに米国のジョージワシントン大学大学院に留学したときに学んだことを加えながら、自己流で編みだしてきたものだ。

「平和主義」を絶対視し、軍事を考えることを忌避する戦後の日本の思潮の中で、軍事戦略どころか安全保障論という講座が設置されている大学は、学生時代にはほとんど見当たらなかった。それどころか、軍事や戦争に興味を持つこと自体、「戦争を防ぐため」ではなく、戦争を肯定しているかのように見なされることも多かった。私が防研に就職して防衛省の職員になったとき、大畠教授ではない当時の指導教授から「これで君も色が付いたな」と言われたことは決して忘れないだろう。

*

人類の歴史上、戦争は絶えない。けれど戦争はない方がいいに決まっている。だからと言って、戦争を考えないでいれば戦争が起こらないわけではない。「自分たちが戦争を忘れても、戦争は自分たちを忘れてくれない」のである。「汝、平和を欲するなら、戦争に備えよ(Si vis pacem, para bellum)」という、古代ローマ時代の有名な箴言があるが、筆者も、戦争が絶えないからこそ、どうすれば起こらないようにできるのかを考える必要がある、と考えて戦争を研究してきた。しかし、戦争を研究することそれ自体が忌避される傾向が日本では強かった。

安全保障論は、そもそもは冷戦初期の「核戦争を起こさないためにはどうすればいいか」という切迫した危機感から始まっている。つまり、安全保障論自体が、戦争を防ぐ、という目的思考を強く持っている。その上で、当時の米国で、ノーベル経済学賞を受賞したトマス・シェリングも含む文字通りの「ベスト・アンド・ブライテスト」の努力が積み重ねられて、巨大な知的体系として発展してきた。長い間、安全保障論と正面から向かい合ってきたつもりだが、それでも全容を把握などできていない。せめて「知らない」ことがあることを「知る」のが精一杯である。

しかし、日本では、安全保障論の広さと深さを知らないまま、歴史研究者や地域研究者、あるいは退役自衛官やジャーナリストが安全保障について発言することが多い。その典型的な例が、終章で述べた「5点セット」である。日本自身がどのような戦略を、どのようなリスクを受容しながら展開していくべきかについて、安全保障論が発達させてきた思考の枠組みに基づいて議論することができないから、多くの論者の主張は、入口となる制度論に留まらざるを得なかった。日本における安全保障研究は薄かったと言わざるを得ないが、これは軍事研究や安全保障論を忌避してきた論者だけでなく、安全保障論の深さと広さを知ることなく、わかったつもりになっている論者も含めての「薄さ」でもある。

その「薄さ」の一因として、安全保障論が独自の研究領域として成立しているアメリカと異なり、日本における安全保障の研究が、実際には地域研究や歴史研究のケーススタディとして行われることが挙げられる。筆者は、地域や歴史から離れて、軍事を中心に安全保障という問題を機能的に分析するファンクショナル・スペシャリストである。同じような専門の研究者は、米国には数多くいるが、日本のアカデミック・コミュニティにはなかなか現れない。米国が特殊であるとも言えるが、これからの日本にはこうした研究者がもっと必要になってくるだろう。

冒頭で、この道に進んだきっかけが終戦記念日生まれだったと書いたが、日本の「戦争」の語られ方には違和感を持っている。それは、日本にとっての「戦争」が、いつまで経っても太平洋戦争であることである。太平洋戦争は、日本が他国に攻め入って始まったという意味での侵略戦争であり、敗戦して「日本は二度と他国を侵略しない」と誓うことから戦後の日本は始まった。その誓いこそが日本の平和主義であった。

例えば、1990年代の重要な安全保障問題から、湾岸戦争とルワンダ虐殺を挙げてみよう。湾岸戦争は、イラクが国連憲章に違反して、クウェートに対し明白な侵略を仕掛けたことから始まった。ある主権国家が別の主権国家を侵略したときに、何もせず見守っているだけでは、世界を平和にすることはできない。ルワンダ虐殺においては、虐殺を目前にしながらも、派遣されていた国連PKO部隊は介入ができずにジェノサイドを看過することしかできなかった。ルワンダ虐殺以降、目の前で行われている虐殺を見逃してよいのか、といった苦しみと向かい合いながら、介入の在り方を含めて、平和構築のための努力が少しずつ進められている。

2014年に安倍政権が平和安全法制を制定した目的は、言うまでもないことながら、「日本が侵略戦争をできるようにする」というものではなかった。「他国が侵略行為を起こしたときに日本はどうするのか」「民族紛争で虐殺が行われているときに日本はどうするのか」という、現代における戦争にどう向き合っていくかという問題であった。しかし、日本人にとっての「戦争」がいつまでも太平洋戦争であり続けるとすれば、現代に起こっている戦争を自分事として捉えることができなくなる。平和安全法制を巡って、完全にすれ違う形で賛否が分かれた1つの理由に、このあたりの認識ギャップがある。

2022年2月に始まったロシア・ウクライナ戦争は、現代における戦争の実態を日本人の前に見せつけた。このことはもしかしたら日本人の戦争観を変えていくかもしれない。この戦争には、日本人はあくまで現在のデジタル社会に流通する情報に触れているに留まり、戦火を直接経験しているわけではない。しかし、日本の周辺の安全保障環境が非常に厳しいことと相まって、多くの人々が、これまでとは異なり、自分に身近な出来事として戦争を感じるようになってきているのではないだろうか。

筆者を含め、多くの国際政治の専門家が連日のようにテレビに出演しているのは、多くの視聴者が「戦争を理解したい」と思っていて、それをメディアが汲み取って番組を作っていることの表れであろう。これは、悪化し続けている安全保障環境の中で、日本人が漠然と抱えている不安を反映したものであるのかもしれない。いずれにしても、1つ言えることは、「戦争や軍事は『邪悪』であるから、考えないし、関わらない」という態度では、もはや平和を続けられない時代になってしまったということであろう。戦争や軍事のことをもっと理解し、それを正しく恐れ、戦争を避けるための努力を払っていかなければならない。

お気づきの読者もいらっしゃると思うが、筆者は、テレビ出演しているときに、時折いらだちを隠せなくなることがある。それは、世代が上の著名なジャーナリストや評論家が、「議論が足りない」として現在の安全保障政策を批判するときである。

北朝鮮の核・ミサイル開発や中国の軍拡が進む中で、集団的自衛権にしても、反撃能力にしても、防衛費増額にしても、専門家の間では長らく議論されてきたことである。専門家は一般的に知名度が低いから、社会への発信力が弱い。こうした議論を国民全体の前に引き出していくのが、著名なジャーナリストや評論家の仕事ではないのだろうか。もし「議論が足りない」と言うならば、少なくとも、長い間議論を続けてきて、いま、厳しい安全保障環境と向かい合いながら政策を進めている人々を批判するために用いるべき言葉ではないと思う。

空気に流されずに異論を提起することは必要である。しかし、異論を提起するとすれば、それは「議論が足りない」といった客観的な計測基準の存在しない形での反論ではなく、具体的なエビデンスと論理に基づいた反論として行われるべきであろう。あるいは、単に自分は気に入らないという主観的な思いを吐露する形でもいいと思う。「個人の見解」は軽く見られることもあるし、「好き」「嫌い」に基づく主張は、ポジショントークではあるかもしれないが、それでも重要な人間の直感だからだ。エビデンスと論理を欠いた批判よりも、ストレートに示される直感的な好き嫌いの方が、前を向いた議論を進める土台になる。そうした土台の上に行われる議論こそが、結局は日本の政策に深みをもたらしていくと思う。

＊

ロシア・ウクライナ戦争が始まって以来、テレビ、ラジオ、インターネットメディアなど、様々なメディアにお邪魔するようになった。そこで強く感じたのは、メディアの側の「伝える」ことへの強い意志の存在だった。ＢＳで夜に放送しているニュース討論番組はもちろん、それまではちょっとした偏見を持ってみていたワイドショーも、下調べを徹底的に行い、「何を視聴者に伝えるか」を考え抜いて番組を作っていると知ることができた。

そこまで番組のスタッフが準備しているのなら、出演するこちら側も本気で応えなければならない。そう思ってこれまで過ごしてきた。「こんなことまで話すんですか？」というくらい専門的なことも、いろいろな番組で話してきた。米国の友人に話しても驚かれるような内容もそこには含まれている。

ただ、その中で、多くの人が、軍事について非常に基礎的な部分を知らないことにも気づかされた。中央公論新社の山田有紀さんから、軍事についての本を出版できないか、とのご提案をいただいたのは、ちょうどその頃だった。そこで、軍事についての基本的なことを伝えられるような本にできないか、とこちらからも提案をさせていただき、本書の出版に至ったものである。この1年半、様々なことに忙殺される中、なんとか時間を捻出して執筆していたが、当初の予定から遅れに遅れ、ご迷惑をおかけしたにもかかわらず、温かく見守っていただいた山田さんにはただ感謝を申し上げたい。

いま、軍事を巡る問題を考えたり、ウクライナの戦争についてのニュースを見たりする機会が増えている。本書を書きながら考えていたのは、そうしたいまの日本社会で、筆者を含むコメンテーターの見解に引きずられることなく、読者自身が判断する基準を作れるような本にしたい、ということであった。これから防衛力を増強していく日本の国民として、そして納税者として、雰囲気に流されず、自分の判断基準を持って安全保障政策の方向性や具体的な施策を評価することは、ますます重要になっていくと思うからである。

好むと好まざるとにかかわらず、戦争を抑止するのに軍事力（防衛力）は重要な役割を果たしている。戦争は一度起こってしまえば終わらせるのはとても難しい。であるからこそ、始めさせないことこそが重要である。そのためには、抑止力としての軍事力の有効性と限界とを正確に理解しなければならない。本書がその一助になれば、これ以上の喜びはない。10年後、20年後に、「２０２０年代は不安な時代だったが、戦争にはならないで良かった」と振り返ることができることを強く願いつつ、本書の結びとしたい。

装幀／キガミッツ

高橋杉雄（たかはし・すぎお）

1972年生まれ。早稲田大学大学院政治学研究科修士課程修了、ジョージワシントン大学コロンビアンスクール修士課程修了。1997年に防衛研究所に入所、現在、政策研究部防衛政策研究室長。国際安全保障論、現代軍事戦略論、日米関係論が専門。共著書に『新たなミサイル軍拡競争と日本の防衛』『「核の忘却」の終わり—— 核兵器復権の時代』、編著書に『ウクライナ戦争はなぜ終わらないのか——デジタル時代の総力戦』、著書に『現代戦略論』など。

日本《にほん》で軍事《ぐんじ》を語《かた》るということ
——軍事分析入門《ぐんじぶんせきにゅうもん》

2023年7月25日　初版発行
2023年8月20日　再版発行

著　者　高《たか》橋《はし》杉《すぎ》雄《お》

発行者　安 部 順 一

発行所　中央公論新社

〒100-8152　東京都千代田区大手町1-7-1
電話　販売 03-5299-1730　編集 03-5299-1740
URL　https://www.chuko.co.jp/

ＤＴＰ　今井明子
印　刷　図書印刷
製　本　大口製本印刷

Published by CHUOKORON-SHINSHA, INC.
Printed in Japan　ISBN978-4-12-005679-6　C0031